纺织与服装专业
新形态教材系列

Clothing
Style Design

服装款式设计

吴 艳 吴训信 王卫静 主编

化学工业出版社
·北京·

内容简介

本书是一部集服装款式设计方法、服装款式绘制技巧、优秀款式绘制案例赏析为一体的服装款式设计综合性教材。全书共7个项目、30个任务,首先从服装款式设计的相关概念入手,接着对服装款式设计的美学法则进行了阐述与分析,之后陆续讲解了5个服装局部款式设计,以及9款上装、4款下装、4款一体装的款式设计。各个项目均设置有教学内容、知识目标、能力目标、思政目标以及思考题、项目练习。

本书可作为职业类院校服装、服饰相关专业教材,也适合服装行业的专业人员、服装设计爱好者参考使用。

图书在版编目(CIP)数据

服装款式设计 / 吴艳,吴训信,王卫静主编.
北京:化学工业出版社,2024. 11. -- (纺织与服装专业新形态教材系列). -- ISBN 978-7-122-46417-0

Ⅰ. TS941.2

中国国家版本馆CIP数据核字第 2024FH2316 号

责任编辑:徐 娟　　　　文字编辑:冯国庆　　　　装帧设计:中海盛嘉
责任校对:李 爽　　　　　　　　　　　　　　　封面设计:刘丽华

出版发行:化学工业出版社(北京市东城区青年湖南街13号　邮政编码100011)
印　　装:河北京平诚乾印刷有限公司
787mm×1092mm　1/16　印张9　字数200千字　2025年1月北京第1版第1次印刷

购书咨询:010-64518888　　　　　　　　　　　　售后服务:010-64518899
网　　址:http://www.cip.com.cn
凡购买本书,如有缺损质量问题,本社销售中心负责调换。

定　　价:58.00元　　　　　　　　　　　　　　版权所有　违者必究

前言

服装，作为人类文化和生活的重要组成部分，不仅需要满足保暖、遮体的物质需求，而且是个性与精神追求的外在表现。在服装设计中，款式设计是核心环节之一，它决定了服装的整体造型与风格，是设计师创意和灵感的集中体现。

本书结合近年来国内外服装行业的前沿发展趋势，注重理论与实践的结合，以项目化形式，力求为读者提供全面、系统的服装款式设计知识。在理论部分，详细解读了服装款式设计的理论基础和设计原则，使读者能够深入了解款式设计的内涵和外延。在实践部分，由浅入深，分步骤进行详细讲解，同时精选了国内外优秀的服装设计作品作为案例，介绍款式设计的具体操作方法与技巧。本书中的款式设计方案均为行业真实案例，确保内容的准确性和实用性。

本书包括服装款式设计概述、服装款式设计的美学法则、服装局部款式设计、上装款式设计、下装款式设计、一体装款式设计、服装款式设计在实践中的运用共7个项目。希望通过本书的学习，能够帮助读者掌握服装款式设计的基本技能和方法，提高设计水平，为未来的职业生涯打下坚实的基础。

本书由嘉兴职业技术学院吴艳、广东女子职业技术学院吴训信、广东工程技术职业学院王卫静主编，苏州高等职业技术学校杨妍、湖南工程学院陈佳欣等参加编写，苏州大学李正教授参与指导。具体编写分工为：项目1由吴艳编写，项目2、项目5由吴训信、陈佳欣编写，项目3、项目4由吴艳、王卫静编写，项目6、项目7由王卫静、杨妍编写。在编写过程中还得到了苏州大学王巧、刘婷婷、岳满、叶青、余巧玲、李慧慧、卫来、卞泽天、蒋晓敏等老师、同学们的帮助。编写过程中也参考了大量的有关著作及网站，这也是本书的主要素材来源，在此表示感谢。

在编写的过程中，我们力求做到精益求精、由浅入深、从局部到整体、图文并茂、步骤翔实、易学易懂、重视操作性、突出服装款式设计的系统性和专业性。但是，受水平的限制，加之科技、文化和艺术发展的日新月异，时尚潮流不断演变，书中还有一些不完善的地方，恳请专家学者对本书存在的不足和偏颇之处能够不吝赐教，以便再版时修订。

编者

2024年8月

目录

项目1 服装款式设计概述 ·· 1

  任务1.1 服装款式设计的定义 ······························· 3

  任务1.2 服装款式设计基本原理 ··························· 9

  任务1.3 服装款式设计的风格表达 ······················ 18

项目2 服装款式设计的美学法则 ··· 29

  任务2.1 统一与变化 ·· 30

  任务2.2 节奏与韵律 ·· 32

  任务2.3 对称与均衡 ·· 34

  任务2.4 对比与调和 ·· 36

  任务2.5 夸张与强调 ·· 37

  任务2.6 其他美学法则 ·· 39

项目3 服装局部款式设计 ·· 42

  任务3.1 衣领款式设计 ·· 43

  任务3.2 衣袖款式设计 ·· 46

  任务3.3 口袋款式设计 ·· 51

  任务3.4 门襟款式设计 ·· 54

  任务3.5 腰胯款式设计 ·· 57

项目4 上装款式设计 ··· 61

  任务4.1 T恤、衬衫款式设计 ································· 62

任务4.2　马甲款式设计··················66
任务4.3　西装、夹克款式设计··············69
任务4.4　风衣、大衣款式设计··············73
任务4.5　羽绒服、居家服款式设计············76

项目5　下装款式设计··················**81**

任务5.1　长裤款式设计··················82
任务5.2　短裤款式设计··················87
任务5.3　短裙款式设计··················91
任务5.4　半身裙款式设计·················95

项目6　一体装款式设计·················**100**

任务6.1　裹胸裙款式设计·················101
任务6.2　连衣裙款式设计·················107
任务6.3　礼服裙款式设计·················113
任务6.4　连体裤款式设计·················119

项目7　服装款式设计在实践中的运用··········**125**

任务7.1　养生度假型酒店制服款式设计··········126
任务7.2　商务会所型酒店制服款式设计··········130
任务7.3　餐饮类制服款式设计···············135

参考文献························**138**

教学内容及课时安排

项目/课时	任务	课程内容
项目1 服装款式设计概述（4课时）	1.1	服装款式设计的定义
	1.2	服装款式设计基本原理
	1.3	服装款式设计的风格表达
项目2 服装款式设计的美学法则（4课时）	2.1	统一与变化
	2.2	节奏与韵律
	2.3	对称与均衡
	2.4	对比与调和
	2.5	夸张与强调
	2.6	其他美学法则
项目3 服装局部款式设计（12课时）	3.1	衣领款式设计
	3.2	衣袖款式设计
	3.3	口袋款式设计
	3.4	门襟款式设计
	3.5	腰胯款式设计
项目4 上装款式设计（20课时）	4.1	T恤、衬衫款式设计
	4.2	马甲款式设计
	4.3	西装、夹克款式设计
	4.4	风衣、大衣款式设计
	4.5	羽绒服、居家服款式设计
项目5 下装款式设计（8课时）	5.1	长裤款式设计
	5.2	短裤款式设计
	5.3	短裙款式设计
	5.4	半身裙款式设计
项目6 一体装款式设计（16课时）	6.1	裹胸裙款式设计
	6.2	连衣裙款式设计
	6.3	礼服裙款式设计
	6.4	连体裤款式设计
项目7 服装款式设计在实践中的运用（8课时）	7.1	养生度假型酒店制服款式设计
	7.2	商务会所型酒店制服款式设计
	7.3	餐饮类制服款式设计

注：各学校可根据自身的教学特点和教学计划对课程时数进行调整。

项目 1
服装款式设计概述

教学内容	分别从服装款式设计的定义、基本原理、风格表达三个方面对服装款式设计进行概述。明确服装款式设计的定义，讲解服装款式设计的基本原理，对服装款式风格进行分析，并结合典型案例进行赏析。
知识目标	能够明确服装款式设计的定义，掌握服装款式设计的基本原理。
能力目标	掌握服装款式设计的基本方法，明确设计流程，并明确不同款式的风格类型。
思政目标	提高对服装款式概念的界定和属性分析的科学素养；将服装与中国传统文化进行结合，提高设计审美的同时传播优秀传统文化。

服装是一种"物",一种在人体上使用的"物",是人在着装以后呈现的一种状态,是"人"和"物"相互结合以后形成的一种整体状态,这种整体状态的美是由"物"的外在形象美和"人"的内在美统一和谐构成的。"物"的外在形象是指运用一定的物质材料塑造出来的、可视的平面或立体的造型特征,并反映着一定的文化内涵。

服装款式设计,也称为服装造型设计,是展现服装形象的重要语言。在服装设计的三大核心要素中,款式设计占据着重要的地位,是设计过程中不可或缺的一环。服装款式设计涉及的是从二维视觉到三维空间的转变过程,这一过程中体现了服装的多面造型特性。它并不依赖于服装的色彩和面料,而是通过独特的款式构造来塑造出具有美感的服装形象。这一设计过程以人体为基础,通过运用不同的构成手法和结构组合,进行服装的塑造,并以最终对人体产生美化效果为目标(图1-1)。

图1-1　服装对人体产生美的效果

任务1.1 服装款式设计的定义

1.1.1 服装款式设计的概念

服装设计由款式、面料、色彩三大要素构成,三者互相补充,互为衬托,同时又各具特性。服装款式设计是服装设计中的第一步骤,亦称"服装第一设计"。它以人体为基础,运用不同的构成手法和结构组合进行服装的塑造,使其不仅具有美丽的外观,而且能对人体产生美化的效果。服装款式设计的步骤是先有一个构思和设想,然后收集资料,确定设计方案。其方案内容包括服装整体风格、主题、造型、色彩、面料、服饰品的配套设计等(图1-2)。同时设计师还要对服装内部结构工艺的处理进行深入的分析和考虑,以确保完成的作品能够充分体现最初的设计意图。服装款式设计是艺术创作的过程,是艺术构思与艺术表达的统一体,也是结构设计的依据和理想模式。

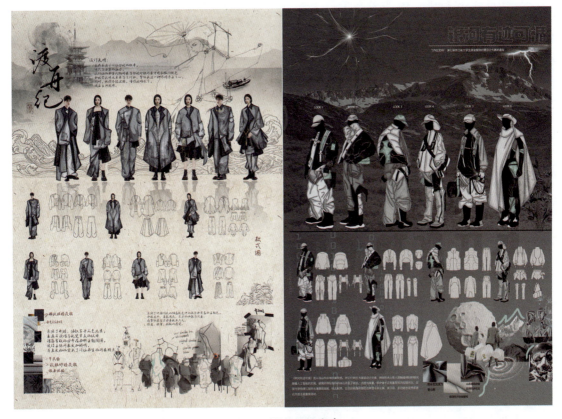

图1-2 服装设计方案

1.1.2　服装款式设计与服装设计的区别

服装设计是一个整体的概念，它涵盖了从构思、设计、制作到成品的整个过程，涉及服装的各个方面，如色彩、面料、结构、款式等。服装款式设计是服装设计中的一个重要组成部分，它主要关注服装的外部造型和内部结构。款式设计是服装设计的核心之一，它决定了服装的整体风格和形象，是服装设计师在设计中表达时尚理念和设计思想的重要手段。服装款式设计包括对服装的轮廓、线条、比例、细节等方面的设计（图1-3）。设计师需要根据目标受众的喜好、流行趋势以及品牌风格等因素，确定服装的款式造型，并运用各种设计元素和手法来实现。总体来说，服装款式设计与服装设计密切相关，但它们在概念、内容和重点上有所不同。服装设计是一个更广泛、更全面的设计过程。

图1-3　服装款式设计

1.1.3　服装款式设计流程

服装款式设计既有艺术创作的属性，又与生产工艺制作、市场销售等有着密切的关系。服装款式设计根据设计对象的要求进行构思和设计，并绘制样板、制作样衣、形成产品，以完成设计的全过程。

1.1.3.1　构思

在构思之前必须进行市场调查，收集资料并对资料进行分析，整体包括设计对象的生活环境、社会活动需求、文化品位、个性气质以及生产工艺的条件、成本等，然后进行整体设想，并提出相应的设计主题。在设计中，设计师可以充分发挥想象力，根据设计主题构思出廓形、色彩、款式、面料、图案等，并结合流行时尚信息提出完整的设计方案。构思可依据六大要素来进行，即对象（who）、时间（when）、地点（where）、目的（why）、设计的内容（what）和价格（price）。

（1）对象（who）。服装的美依赖于人的存在和活动，由人的穿着来体现。俗话说量体裁衣，这一"体"就其广义而言，包含着穿着者的年龄、性别、职业、爱好、体型、个性、肤色、发色、审美情趣、生活方式、流行观念等因素，尤其处于表现自我、凸显个性的时代更应如此（图1-4）。不同的"人体"需要由不同美感的着装形式来表

图1-4 不同人群穿着的男装

现,不能不分对象,千人一面。因此,一件构思成熟、做工精湛、色彩和谐的服装必须能充分体现穿着者的内在修养和外在美感。

(2)时间(when)。服装是时令性很强的商品,设计作品应区别出不同季节、不同气候、不同时间段的不同款型特征(图1-5)。服装款式往往随着时间的变化

图1-5 不同季节女装款式

而改变，春夏装、秋冬装的不同称谓正说明了服装的时间性。正在流行的服装称为"时装"。时装不同于服装，时装包含时间、周期等内在因素，今天流行的时装，明天就可能成为过时的服装，像哥特、巴洛克、洛可可等复古题材的服装，也只有在被注入了现代人的意念和设计语汇的前提下，才得以风靡一时。因此，时间性被视为时装的"灵魂"。

（3）地点（where）。服装和地点关系很大，不同地点需要与不同款式的服装相适应。例如：北方和南方、热带地区和温带地区、都市和农村、室内和户外、办公室和居室等不同地域、不同地点的服装要有所区分。因为服装的地点因素还涉及不同的场合环境，这也对着装提出一些不同的要求，例如在出席会议、参加庆典、应聘、吊唁、婚礼等比较正式的场合，在穿着上与日常生活着装就有明显差异（图1-6）。

图1-6 不同环境下穿着的服装

（4）目的（why）。服装穿着从来都具有目的性，远古时代的保护说、装饰说等不同的论说都证明了这一点。现代服装款式设计更加强了功能研究，使不同服装表现其特定的穿着目的：工作服体现安全、舒适的功能；运动服体现健康、动感的功能；舞台服体现了美化舞台人物、烘托剧情的功能（图1-7）。正装是正规场合的理想穿着，许多欧美国家的办公室里醒目地张贴着"穿着时髦勿入"的字样，旨在提醒员工来上班时切莫花枝招展。因此在设计服装时，不妨为穿着者设想一下，穿这套服装的目的何在，他或她的社会角色如何。

图1-7　不同舞台角色穿着的服装

（5）设计的内容（what）。设计的内容包括款式、色彩、结构、面料、图案、细节、搭配等，既要有流行意识，也要把握好风格和形式的审美追求。这是设计师市场意识、设计经验的集中表现。

（6）价格（price）。服装款式设计有别于纯艺术，它是以市场和消费者的认可来体现其价值的。好的设计应做到用最低的成本创造出最佳的审美效果，设计师应在设计中尽可能减少不必要、不合理的装饰细节，工艺上也应避免琐碎和繁杂，控制好成本，以求实用和美观的完美结合，使产品具有更强的市场竞争力。

1.1.3.2　设计表达

设计师表达设计构思有以下两种方法：效果图和立体裁剪。

（1）效果图。效果图是设计师普遍采用的一种表现方法，一张纸、一支笔就能表达设计构思，简便、易行且效率高（图1-8）。随着计算机设计软件（如Photoshop、Illustrator、Coredraw、Painter）和服装CAD技术的不断推广和应用，在计算机上进行款式造型设计也成为一种主要手段，使设计师不必用笔和纸就能设计出许多款式。

图1-8 手绘服装效果图

（2）立体裁剪。立体裁剪主要用于一些造型较为特别的服装，尤其是用于高级礼服的设计中。在构思立体造型设计时，如果采用平面裁剪结构形式往往受到表达上的限制，不能精确地表达设计师的意图，所以必须采用立体裁剪。具体步骤是先用坯布做出布样，然后在布料上成型。立体裁剪的优点是具有直观性、立体感强，能表现出独具匠心的款式造型，因此也是现代高级女装设计中常用的表现手段（图1-9）。

项目 1　服装款式设计概述

图1-9　立体裁剪制作服装

任务1.2　服装款式设计基本原理

1.2.1　服装造型与人体

　　服装款式设计可以视为对人体进行外包装，那么人体的结构形态和运动规律就直接影响着款式造型。服装最重要的功能是实用，它必须使穿着者感到方便舒适。因此，在设计服装的款式时，首先必须对人体的形态结构和空间特征进行分析。

　　从生理学的角度看，人体骨骼由206块骨头组成，其外附连600多条肌肉，肌肉外层包裹着一层皮肤，形成了人体的外表，也就是人的体型（图1-10）。从造型角度看，头部的颅腔、躯干部的胸腔和腹腔以及脊柱、四肢形成了人体的基本结构。其中脊柱变化对人体的动态产生了重要影响，而四肢的运动方向、运动范围和运动量又直接影响着服装款式的发展变化。

9

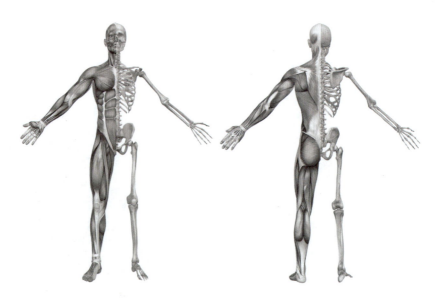

图1-10 人体骨骼与肌肉

从古至今，性别的差异和年龄的变化直接影响到服装款式。在不同的文化背景下，人们根据对男女形体及生理特征的认识，设计制作服装，并不断地巩固和强化着这种差异，使服装的性别特征及其各自特有的造型性特征在文化观念中固定下来。服装具有两种状态，当它孤立存在时是一种状态，而当它穿在人体上之后则呈现另一种状态，所谓服装美也包括了服装与人体两层概念。

相对于女性而言，男性全身肌肉发达，颈短粗，肩平而宽，胸肌发达而转折明显，上肢强壮，胯部较窄，腰臀差与女性相比较小，躯干较平扁，腿比上身长，整体看来如一个倒梯形（图1-11）。因此，男装设计比较重视肩部的处理。而女性体态主

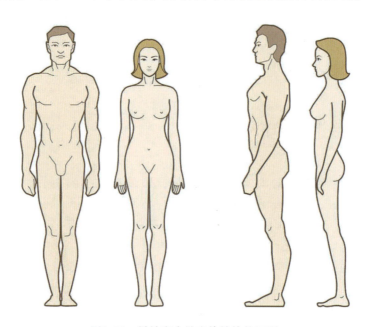

图1-11 男性和女性身体结构的区别

要表现在肩、腰、臀所构成的曲线美。较之男性，女性肌肉不如男性那样发达，颈细长，肩部窄斜且薄，胸部隆起，腰部纤细，臀部丰满、圆润。因此，女装设计更注重强调胸、腰、臀等部位的联系和差异，表现身体的凹凸起伏有致的玲珑曲线。

青年期的男子体态匀称，胸部结实，腰细臀窄，充满活力。中年期的男子通常情况下较青年期的男子强壮或趋于肥胖，胸部肌肉松弛，腰部变粗，腹部凸起，表现出成熟稳重的气质。老年期的男子呈现两种情况，胖者体态臃肿，腰粗腹大；瘦者胸骨凸出，背部弯曲，棱角分明，但往往缺少活力。

与男性身体一样，随着年龄变化，女性的形体结构也在改变。青春期的女性体态匀称，特征鲜明，呈现明显的S形曲线。进入中年期，妊娠、生育、家务劳动等使女性的体态变得更丰润，胸部仍会有高度，但大多数女性腰部和四肢变粗，腹部凸起。老年期以后的女性体态多数偏胖或偏瘦，从背部到颈部明显前倾，腹部脂肪增厚，胖者腰部和臀部的脂肪肥厚，瘦者则胸部和臀部变得平坦。

人体决定着服装的造型特征，纵观服装发展史，可以看出，服装的造型是随着人类文明的进程不断发展演变的。

现代技术的进步使人体工程学、服装卫生学等受到重视，服装在满足审美的同时，向着实用性、舒适性不断发展（图1-12）。人体各部位的长宽比例、骨骼、关节、肌肉等特征已成为构成服装造型的重要依据，如领子、衣身、袖子、裤管等各个主要部件必须依据人体躯干、上肢、下肢等各个部位及关节的运动方式进行设计。服装造型必须满足这些肢体的生长特点与运动规律，并适当地加入松量，使之在成型后与人体表面保持一定的空间。舒适而自由的造型才能满足人体时时刻刻都处于运动状态的特点。

图1-12　符合人体工程学的服装结构

1.2.2　点、线、面

从空间存在的关系上看，可以把服装理解成为一种软雕塑，所以能用最基本的造型要素——点、线、面分解服装。点、线、面是服装设计师必须掌握和运用的重要表现语言，服装复杂的造型变化即来源于点、线、面之间的有机组合（图1-13）。

图1-13 服装中的点、线、面

1.2.2.1 点的使用

点通常是指小的东西，在几何学中的概念被理解为没有长度、宽度或厚度，不占任何面积。点的属性是位置，两条直线的交叉点或线段的两端都可以看作点。从造型意义上讲，点是整体中的局部，是视觉的中心。点在造型中的地位举足轻重，这主要表现在它的形状、位置、数量、排列等方面。当点在构成中由于排列的数量、大小等因素发生改变时，便会产生不同组合的图形，给人不同的视觉感受。从点的数量上来看，一个点可以吸引人的注意力，形成视觉中心；两个点可以形成视觉的稳定感；三个点可以增加其力度；多个点可以形成聚散关系，使视线分散或集中。从位置上看，配合大小、色彩的改变，点可以引导人们的视线。

1.2.2.2 "点"形饰物的运用

服装中的"点"形饰物主要包括纽扣、耳环、胸花、项链、蝴蝶结、皮带扣等。"点"形饰物在服装中起到"画龙点睛"的作用。其运用一般表现于饰物的位置、大小、材质、聚散及色彩配置上。在这种形式的运用中需要注意设计目的的主次关系，否则可能出现喧宾夺主的情况（图1-14）。

图1-14 服装款式中"点"形饰物的运用

（1）"点"状图案的运用。表现在服装中的"点"状图案，可以是单纯的点，也可以是小面积的几何图案、碎花图案、装饰亮片、水钻等。在设计的过程中，应注意点的排列与组合要有主次和疏密之分，要彰显设计重点，以保证整体效果的和谐（图1-15）。

图1-15 服装款式中"点"状图案的运用

（2）款式造型中的"点"。款式造型中的"点"首先表现在服装外轮廓处的肩、腰、下摆等轮廓线的转折上，连接这些点可以显示出服装的外形轮廓特征。另外，"点"表现在局部结构中的口袋、衣领、袖口等，这些点具有相对性，相对于形态较小的纽扣等而言，它可以理解为面，但相对于形态较大的衣片而言，它又是点。

1.2.2.3 线的使用

线代表平面状态中的位置和长度，没有宽度和厚度之分。在服装款式造型中，线分为曲线与直线两种。其中直线分为水平线、垂直线和斜线；曲线分为几何性曲线和自由性曲线两种。线具有丰富的变化空间，是设计中常用的视觉元素。在服装中多表现为分割线、省道线、线迹线、衣边线、装饰线等。

（1）直线。直线在视觉中表现为单纯、明了，给人以挺拔、规整、坚硬的感受（图1-16）。

图1-16 服装款式中直线的应用

①水平线。水平线具有安稳、宽广、冷静的特点，如在服装中可以用于肩部、胸部等处的分割线和装饰线，以强调宽阔的体格和阳刚之气。

②垂直线。垂直线具有挺拔、上升、高耸、庄严的感觉，运用在设计中可以增加人体的修长感。在服装面料中常使用条形图案强化结构造型。

③斜线。斜线具有不稳定、活泼、动感的特性。斜线在使用中表现出强烈的中性特征，常用于男女休闲装、运动装的设计中，以表现服装舒适、随意的特点。

（2）曲线。与直线相比，曲线表现出起伏、委婉、飘逸的特点，具有流动、婉转、丰润的感受（图1-17）。

图1-17　服装款式中曲线的应用

①几何形曲线。表现为圆、椭圆、半圆、抛物线等造型形式，具有圆润、饱满的特点，常用于袖子、帽子、裙摆及图案设计等位置，适合表现女性服装给人的柔美效果。

②自由曲线。自由曲线是一种无规则的、奔放的曲线，它具有一定的随意性，在服装中使用可以表现出极富个性风格的视觉效果。自由曲线以其特有的柔和、优雅感给人以无限的想象空间。它常用于女装中的裙摆、领口、袖口等处，也可表现为荷叶边等结构处理。

另外，线给人们带来的视觉感受还与它的粗细、疏密等有密切联系。如粗线给人粗犷、醒目的感觉；细线给人细腻、尖锐的感觉；疏朗的线给人简洁、干练的感受；密集的线又可形成一种变幻感；流动中的线条会给人婉约、舒缓的气息。服装造型中的线，要求流畅、完整，尽量避免琐碎、无序，并要注意与面的衔接，做到协调一致。

1.2.2.4　面的使用

从几何角度理解，线的转动产生了面。面大体分为曲面和平面两种形式，其基本形态又可分为正方形、长方形、三角形、圆形、不规则形等多种形式的面。不同形态的面具有不同的特性，给人不同的感受。例如：方形的面给人安定的感觉；圆形的面给人圆润、饱满的感觉；曲面给人活泼、富于变化的感觉；自由的面给人多变、神秘的感觉。服装款式造型中的面主要是由面料的裁剪、分割而形成的，不同裁剪、分割的面使服装造型呈现出千姿百态的风格（图1-18）。

图1-18　服装款式中面的设计

由于人是立体存在的，所以附着在人体上的面，严格地说并不是平面的，它的状态会随着人体的特征发生位置上的改变。因此，同一件衣服穿着在不同人的身上会给人以不同的视觉印象。在设计过程中，同一件衣服会出现多个面的形态，如：它既可以作为衣片的形式存在，也可以以图形的形式存在，其形式变化非常丰富。处理面时应注意大小、疏密等对比关系的运用及其相应的穿插关系。

服装的最终款式造型至少出现前、后、左、右四个面，和立体雕塑一样可以环绕一周进行欣赏。因此设计开始时必须意识到这四个面，而不能仅考虑前面而忘记了侧面和后面。服装款式设计的最后结果应满足以下三项要求：完整性——体感强；层次性——富有层次感；重点性——突出并强调重点。

点、线、面作为服装款式造型的基本元素，在设计过程中的使用不是孤立的。点的轨迹形成线，线的运用成为面，这三种基本元素构成了长、宽、高三维空间的立体形态，从而形成了丰富多彩的服装造型。当然，要掌握并熟练运用这些元素进行设计创作，需要设计师在实践的过程中培养足够的经验和感受，才能准确地表达出设计构思和预想的效果。

1.2.2.5　型的使用

服装外形轮廓线就是服装的一个整体的外形。它是服装正面或侧面投影在平面上所显示的外部轮廓。由于服装款式设计首先必须进行外形塑造，也就是廓形的设计，所以设计师往往将对廓形的突破性设计作为款式设计的关键。著名美学家鲁道夫·阿恩海姆就曾说过：三维的物体的边界是由二维的面围绕而成的，而二维的面又是由一维的线围绕而成。对于物体的这些外部边界，感观能毫不费力地把握。这句话可以说明，简洁、直观的服装廓形在人的视觉中具有首选性（图1-19）。

图1-19　服装款式中型的设计

服装廓形既是款式设计时的造型基础，也成为时代风貌的体现，它有可能几年甚至十几年都没有很大的变异，但它被认为是流行变化的第一标志（图1-20）。回顾服装

图1-20 服装的不同廓形

发展史,特别是20世纪西方服装款式的发展变化,可以清晰地看到这种变化。以女装为例,在20~30年代为突出女性曲线的A廓形,30~40年代为适应战争的H廓形,40~50年代为克里斯蒂恩·迪奥推出的X廓形,50~60年代为演化出的A廓形、H廓形,直至极端的超短裙,60~70年代为A廓形喇叭裤,70~80年代为海绵垫肩的T廓形职业女装。这些廓形变化形成了一个时尚的循环,在服装流行的发布中占有重要地位,传递着前沿信息,指引了着装方向。

任务1.3 服装款式设计的风格表达

随着时代的发展、思想的解放,人们越来越注重对个性的追求。那种由一种风格统领十几年的情况已经不复存在。自20世纪90年代以来,流行服装的一个显著特点,就是进入一个追求个性与时尚的多元化时代。各个历史时期、各个民族地域、各种风格流派的服装相互借鉴、循环往复，传统的、前卫的，以及各种新观念、新意识和新的表现手法空前活跃，具有不同于以往任何时期的多样性、灵活性和随意性。在各种工业产品和艺术商品中，服装的设计风格以广泛性和多变性著称。在服装的历史发展中，出现过诸多形态的服饰；现代社会中更是以强调风格的设计为核心。如今，人们的着装不只是一种视觉表现，还是一种生活态度、生活观念和情绪的表现。作为流行时尚的诠释者，要对多种审美意向和需求保持高度的敏感性，并能够透过流行的表面现象，掌握其风格与内涵。

1.3.1 服装款式风格的概念与意义

"风格"一词来源于拉丁语，本意指罗马人的一种书写工具，其最初含义与有特色的写作方式有关，后来其含义被大大扩充，并被应用到各个领域。风格是指艺术作品的创造者对艺术的独特见解和与之相适应的独特手法所表现出的作品风貌特征。风格必须借助于某种载体形式才能体现出来，它是由创作者主观创意和客观题材性相统一而造成的一种难以说明却不难感觉的独特风貌，是创造者在长期的实践中获得的。

服装风格指一个时代、一个民族、一个流派或一个人的服装在形式和内容方面所显示出来的价值取向、内在品格和艺术特色。服装风格是由设计的所有要素——款式、色彩、面料、配饰等，形成的统一的外观效果，具有一种鲜明的倾向性。风格能在瞬间传达出设计的总体特征，具有强烈的感染力，能达到见物生情的目的，产生精神上的共鸣（图1-21）。

图1-21　不同风格的服装

服装风格是服装外观样式与精神内涵相结合的总体表现，是服装所传达的内涵和感觉；服装设计追求的境界是风格的定位和设计，服装风格表现了设计师独特的创作思想、艺术追求以及鲜明的时代特色。影响服装发展变化的因素很多，有政治、经济、环境和文化艺术等各方面的因素。在服装发展史中，每个历史阶段的服装风格都是以绘画艺术、建筑艺术和装饰艺术以及哲学艺术等艺术风格进行命名的。服装风格所反映的客观内容，主要包括三个方面：一是时代特色、社会面貌及民族传统；二是材料、技术的更新和审美的发展（图1-22）；三是服装的功能性与艺术性的结合。服装风格反映时代的社会面貌，在一个时代的潮流下，设计师们各有其独特的创作空间，能够创造百花齐放的繁荣局面。随着社会的不断进步，风格的内涵和外延也不断地发生变化，所以说凡是脱颖而出的服装风格，不会是主观随意的产物，它的出现必然具有客观依据。

图1-22　不同材料制作的服装

　　进入21世纪后，人类的自然科学、人文形态、意识理念、设计创作等都在经历新的变革，服装风格也在变革之中。服装风格的建立和推广不能远离社会需求，应该同当代人的审美理想、生活状态、服装的服用功能联系起来，在服装产品中表现出设计的理念和流行的趣味。

1.3.2　服装款式风格的分类

服装的风格倾向是表示服装内涵和外延的一种方式,风格是一种分类的手段,人们通常依靠风格判断服装作品的类别和来源地。服装款式千变万化,形成了许多不同的风格,展现出不同的个性魅力。划分服装风格的角度很多,划分标准给服装风格赋予了不同的含义和称呼。服装的风格各不相同,按流行面积大小可分为主流风格和非主流风格;按造型角度分为优雅风格(图1-23)、休闲风格等。在漫长的历史发展进程中,服装风格不计其数,有代表地域特征的服装风格,如土耳其风格、西班牙风格;代表某一时代特征的服装风格,如中世纪风格、爱德华时期风格;代表文化特征的服装风格,如嬉皮士风格、常春藤名校联合会风格;以人名命名的服装风格,如蓬巴杜夫人风格、香奈尔风格;代表特定造型的服装风格,如克里诺林风格、巴瑟尔风格;体现人的气质、风度和地位的服装风格,如骑士风格、公主风格;代表艺术流派特征的服装风格,如视幻艺术风格、解构风格等。

图1-23　优雅风格女装(拉夫劳伦,2023)

1.3.2.1　优雅风格

(1)优雅风格分析。优雅风格来源于西方服饰风格,具有较强的女性特征,兼具有时尚感，是较成熟的、外观与品质较华丽的服装风格。它讲究细部设计，强调精致感觉，装饰比较女性化，外形线多顺应女性身体的自然曲线。西式优雅干练的套装模式已经成为世界范围通用的语言，优雅风格的服装在人类生活中担负着更多的社会性，表现出成熟女性脱俗考究、优雅稳重的气质风范。优雅风格的女装往往在微妙的尺寸间变化。

①从造型要素的角度看，优雅风格服装的点、线、面的运用不受限制，体的表现较少。面的表达在优雅风格的服装中是最多的，并且多数比较规整；点造型以点缀为主；线造型表现比较丰富，分割线以规则的公主线、省道腰节线为主。装饰线的形式较丰富，包括工艺线、花边、珠绣等。

②从造型特点看，优雅风格的服装讲究外轮廓的曲线，比较合体；局部设计时领形不宜过大，上衣多为翻领、西装领、圆领、狭长领；采用门襟对称的方式，多使用小贴带、嵌线袋或者无袋，肩线较流畅，袖形以筒形袖为主，腰线较宽松，显得潇洒飘逸、超凡脱俗。

③从色彩角度看，优雅风格服装色彩因面料而异，机织面料多采用灰色、白色、浅粉色、蓝色、黑色，针织面料多采用棕色、黄色、蓝绿色、灰色或彩虹色。色彩多采用轻柔色调和灰色调，配色常以同色系的色彩以及过渡色为主。

④从面料的角度看，用料比较高档，面料材质多为高科技面料及传统高级面料。

（2）优雅风格服装品牌。优雅风格可细分为中性化风格、女性化风格。中性化风格的代表品牌为乔治·阿玛尼（Giorgio Armani），女性化风格的代表品牌为瓦伦蒂诺（Valentino）。

意大利著名品牌乔治·阿玛尼，其细腻的质感和简洁的线条无不彰显出舒适、洒脱、奔放和自由的特性，看似不经意的裁剪却隐约显露出人体的美感与力度，既摒弃了束身套装的乏味，也倾覆了嬉皮士风格的玩世不羁。乔治·阿玛尼认为，设计是表达自我感受和情绪的一种方式，是对至美追求的最佳阐释，是对舒适和奢侈、现实与理想的一种永恒挑战。时至今日，乔治·阿玛尼已不仅仅是一个时装品牌，而且代表了一种生活方式，将男性和女性的华丽、性感与创造性演绎到了极致（图1-24）。

图1-24　乔治·阿玛尼女装（2023）

意大利著名品牌瓦伦蒂诺的创始人瓦伦蒂诺·加拉瓦尼（Valentino Garavani）是时装史上公认的最重要的设计师和革新者之一。这位以富丽华贵、美艳灼人的设计风格著称的世界服装设计大师，用他那与生俱来的艺术灵感，在缤纷的时尚界引导着贵族生活的优雅，演绎着豪华、奢侈的现代生活方式。他经营的瓦伦蒂诺品牌以考究的工艺和经典的设计，成为追求十全十美的社会名流们的最爱。他出色的成就使他在世界时装界的地位超过了法国的圣·洛朗、皮尔·卡丹等人，位列世界八大时装设计师之首。高级面料和华贵奢侈的风格，考究的做工，瓦伦蒂诺品牌服装从整体到每一个细节，都力求做到尽善尽美（图1-25）。

图1-25　瓦伦蒂诺女装（2024）

1.3.2.2　浪漫风格

（1）浪漫风格分析。浪漫主义风格是将浪漫主义的艺术精神应用于时装设计的风格，巴洛克和洛可可服饰均为具有浪漫主义风格的典范（图1-26）。1825~1850年间的欧洲女装属于典型的浪漫主义风格，这个时期被称为浪漫主义时期，服装风格特征为宽肩、细腰和丰臀。上衣用泡泡袖、灯笼袖或羊腿袖来加宽肩部尺寸，紧身胸衣造成丰满的胸部和纤细的腰肢，与圆台形的撑裙共同塑造成X形的线条。20世纪90年代的浪漫主义不同于80年代末那种追求装饰的人工主义，而是更趋近于自然柔和的形象。

图1-26　浪漫风格女装（德赖斯·范诺顿，2023）

①浪漫主义就是一种回避现实、崇尚传统的文化艺术，追求中世纪田园生活情趣或非凡的趣味和异国情调，模仿中世纪的寨堡或哥特风格，给人以神秘浪漫的感觉。在现代时装设计中，浪漫主义风格主要反映在柔和圆转的线条，变化丰富的浅淡色调，轻柔飘逸的薄型面料，以及泡泡袖、花边、镶饰、刺绣、褶皱等方面。浪漫风格的服装华丽优雅、柔和轻盈，容易让人产生幻想。不同季节推崇的女性化形象会有所变化，既有甜美、可爱的少女形象，也有大胆、性感的成熟女性形象。

②浪漫风格的造型特征包括柔软、流动的长线条，贴体的款式设计，女性特征的图案纹样，常采用柔软的、悬垂感较强的、极薄的丝、绢或者以蕾丝饰边，在朦胧之间体现女性的摇曳多姿。

③浪漫风格的色彩特征是纯净、妩媚，以粉红色、白色为主，此外黄色、浅紫色和紫色也较为常用。

④浪漫风格采用的面料多为透明洒脱、悬垂感好的服装用料，如轻而柔软的薄棉布、织纹较密的麻布、光亮飘逸的绸、极薄的丝等。可爱的少女风格常以缎带装饰、裙子抽褶、衣饰终边，面料多以碎花为主，配以蕾丝饰花。浪漫风格的服装细部表现均相当女性化，如打褶皱、悬垂、露肩等。在面料运用方面也别具匠心，如将苏格兰格子布斜裁用于晚礼服；将黑色丝绸印花布中有花纹的部分展示于胸部之上，胸部之下采用直筒形的丝绸

面料，非常理智而富有创造性。

（2）浪漫风格服装品牌。法国著名品牌尼娜·里奇（Nina Ricci）始终是时装界响亮的名字之一，服装以别致的外观、古典且极度女性化的风格深受优雅富有的淑女青睐，具有良好声誉（图1-27）。

图1-27　尼娜·里奇浪漫风格女装（2023）

1.3.2.3　田园风格

（1）田园风格分析。田园风格追求一种不要任何虚饰的、原始的、纯朴自然的美，是从大自然中汲取灵感，用服装表达大自然的神秘力量。现代工业形成的污染对自然环境的破坏，繁华城市的嘈杂和拥挤，以及快节奏生活给人们带来的紧张和压力等，使人们不由自主地向往精神的解脱，追求平静单纯的生存空间，向往大自然。田园风格响应了这样的诉求，给人们带来淳朴、原始、自然和不加修饰的美感。田园风格的服装不一定要染满原野的色彩，但要褪尽都市的痕迹，反映人在天地中的自由感觉，离谋生之累，入清静之境。

①田园风格的设计特点是：崇尚自然，反对虚假的华丽、烦琐的装饰和雕琢的美。表现的是纯净、朴素的自然，以明快清新、具有乡土风味为主要特征，以自然随意的款式、朴素的色彩表现一种轻松恬淡、超凡脱俗的情趣。设计师从大自然中汲取设计灵感，常取材于树木、花朵、蓝天和大海，表现大自然永恒的魅力。

②田园风格的服装一般为宽大、舒松的款式，采用天然的材质，为人们带来悠闲浪漫的心理感受，具有一种悠然的美感。这种服装具有较强的活动机能，适合郊游、散步和做各种轻松活动时穿着。

③田园风格的面料多以天然纤维为主，如小方格、均匀条纹、碎花图案的纯棉面料和棉质花边等。香奈儿（CHANEL）2021年夏季服装田园风味十足，清新、典雅，没有过多的细节设计，却能吸引众多的目光，层叠的花边及装饰、浪漫的艺术印花、精美的蕾丝、甜美的色彩，都是清新甜美田园风格的典型特征（图1-28）。

图1-28　香奈儿田园风格女装（2021）

（2）田园风格服装品牌。美国著名品牌安娜·苏（Anna Sui）是田园风格的典范。该品牌成立于1980年，产品具有极强的迷惑力，无论服装、配件还是彩妆，都能让人感觉到一种抢眼的、近乎妖艳的色彩震撼，时尚界称其为"纽约的魔法师"。在崇尚简约主义的今天，安娜·苏逆潮流而上，设计中充满浓浓的复古色彩和绚丽奢华的气息。大胆而略带叛逆，刺绣、花边、烫钻、绣珠、毛皮等一切华丽的装饰主义都集于该品牌的设计之中，形成了其极具少女感的田园风格（图1-29）。

图1-29　安娜·苏田园风格女装（2024）

1.3.2.4　休闲风格

（1）休闲风格分析。休闲风格以穿着宽松随意与视觉上的轻松惬意为主要特征，年龄层跨度较大，可适应多个阶层日常穿着。休闲风格多以中性风格居多，包括大众化的休闲成衣和运动风格成衣（图1-30）。

图1-30　休闲风格女装（SACAI，2024）

①从造型元素的角度分析，休闲风格的服装在造型元素的使用上没有太明显的倾向性。点造型和线造型的表现形式很多，线造型有直线分割、曲线分割、水平分割、垂直分割、斜线分割、花边、缝纫线等形式；点造型有图案、刺绣、大点、小点、点的聚散、配件等形式；面造型多重叠交错使用，以表现一种层次感；体造型多以零部件的形式表现，如坦克袋、连衣腰包等。

②从款式角度分析，休闲风格外轮廓简单，线条自然，多以直线形、H形为主，弧线较多，零部件少，装饰运用不多而且面感强，讲究层次搭配，而且搭配随意多变。领形多变，翻驳领少，一般为翻领、无领结构，连帽领居多；袖形变化范围较大，装袖、连袖、插肩袖、无袖都有使用；门襟形式多变，有对称的，也有不对称的，多使用拉链、按钮等；口袋多为贴袋，袋盖的设计较多；下摆处往往采用罗纹、抽绳等设计；装饰线使用很多，尤其是明辑线。

③从色彩角度分析，流行特征明显，运动风格成衣色彩搭配多采用明度高色、单纯色、对比色、互补色。

④从面料角度分析，面料多为天然面料，如棉、麻、羊绒、羊毛、安哥拉毛等，经常强调面料的肌理效果或者面料经过涂层、哑光处理。

（2）休闲风格服装品牌。荷兰品牌G-STAR，美国著名品牌盖普（Gap）、埃斯普瑞特（Esprit），意大利著名品牌贝纳通（Benetton）等都属于休闲风格的典型代表。休闲风格服装充满青春活力，注重环保，85%以上采用天然纤维，以棉和毛为主，采用比较成熟的色彩，如灰色系和亮色系（图1-31）。

图1-31　盖普品牌服装

思考题：

1. 服装款式设计的概念是什么？
2. 服装款式设计的流程有哪些？
3. 服装款式设计构思中的5W1P原则具体是什么？

项目练习：

1. 分析服装设计与服装款式设计的不同。
2. 针对服装款式设计中点、线、面各列举5个案例。
3. 列举5个不同风格的品牌，并分别说明其风格特点。

项目 2
服装款式设计的美学法则

教学内容 深入探讨统一与变化、节奏与韵律、对称与均衡、对比与调和、夸张与强调等美学原则。通过分析经典和现代服装案例,让学生理解并运用这些美学法则于服装款式设计中。

知识目标 掌握服装设计中的基本美学法则,理解它们在服装款式设计中的作用和重要性。

能力目标 能够运用所学的美学法则进行服装款式的设计;提高设计的创意性和审美水平;培养对服装款式的敏锐观察力和创新思维;增强设计实践能力。

思政目标 在设计过程中融入社会主义核心价值观,提高学生的审美情趣和艺术修养;鼓励学生结合中国传统服饰文化进行创新设计,传承和发扬中华优秀传统文化;同时关注可持续发展和社会责任,体现设计的时代价值和社会意义。

美学法则是人们对生活中的美进行分析、拆解、结合、总结、利用的形式化的总结。服装款式设计是一种实用性极强的艺术形式，其涵盖的美学法则为服装款式设计提供了科学的设计依据，也为其注入了大量的艺术活力。任何服装都要求美观，服装设计不但要研究实用，研究人们的生活方式，研究人们的审美要求，还要研究服装美学。服装款式设计中的美学法则主要有统一与变化、节奏与韵律、对称与均衡、对比与调和、夸张与强调以及其他美学法则等。作为服装设计师，不仅要了解各种形式要素的概念与特征，而且要善于掌握不同形式要素间的变化组合，运用好各种复杂的关系，并对其进行系统化、全面化的探索与研究，在不断的实践中总结出相关规律。

任务2.1 统一与变化

统一与变化是构成服装形式美的最基本的法则之一，也是服装款式设计形式美的总法则。统一与变化是密不可分的两个构成元素，这一法则要求设计师在设计服装时，既要保持服装整体的统一性，又要在其中寻求变化，使服装整体既具和谐感，又不失个性。

2.1.1 统一

服装的统一性在广义上指服装与社会的统一性（自然环境和人文环境）（图2-1）、服装与营销价格的统一性（服装的品质和营销策略）、服装与人的统一性（人的文化层次和气质修养）。在狭义上指服装本身的统一性，是指服装中各个部分的设计元素的相互协调，从而形成一个和谐的整体。其中包括服装整体风格的统一、服装整体与局部样式的统一（图2-2）、服装色彩的统一（图2-3）、服装材质的统一、服装装饰工艺的统一等。例如，设计师需要明确服装的风格定位，如正式、运动、休闲等，并在整个设计过程中保持一致性；在色彩搭配上，通常选择同一色系的色

图2-1　因纽特人的服装

彩，或者通过色彩的明暗、饱和度来进行色彩搭配，保持整体色调的和谐统一；在材质选择上，选择相似质感或类型的面料，或使用不同材质进行搭配与过渡，将整体视觉效果达到协调一致。

图2-2 整体与局部的平衡之美

图2-3 同色系的经典搭配

2.1.2 变化

在服装设计中，过多的统一可能导致设计显得单调乏味，这就需要靠廓形、色彩、材质、装饰等设计元素的变化来丰富服装。再比如在服装款式的细节设计上，还可以通过添加装饰元素，改变领口、袖口、下摆等部位的形状或线条来增加服装的层次感和个性化。相对而言，太多的变化也可能使设计混乱无序，所以统一性与变化性需要相互平衡。

具体到运用中，一种方式是强统一、弱变化，即统一约束下的变化。以统一为前提，在统一中找变化，表现为在局部中做某些变化的处理，在相同的廓形、色彩、材质等元素中加进不同的成分。

另一种方式是强变化、弱统一，即变化基础上的统一（图2-4）。以变化为主体，在变化中求统一，表现为在大胆变化中运用某种相同要素在其中穿插、呼应，获得相对的秩序感。

总之，统一与变化是相辅相成的关系，统一是变化的基础，没有统一就没有变化的意义，而变化是统一的补充与发展，没有变化就没有统一的生命力。因

图2-4 色彩变化的裤装

此，在服装款式设计中，设计师需要把握好统一与变化的关系，在变化中追求统一，在统一中追求变化，既要保持整体设计的统一，使服装款式在视觉上协调一致，又要寻求变化，通过设计元素的变化来丰富服装的层次感和个性化，在统一与变化之间找到恰当的平衡点。

任务2.2 节奏与韵律

节奏与韵律法则是服装设计师在设计服装时遵循的一种美学原则，它借鉴了音乐和诗歌中的节奏与韵律概念，将之运用于服装的形态、色彩、材质等方面，使服装产生有规律、有秩序的视觉美感与动感。如口袋的层叠韵律、服装衣身的分割变化，都是节奏与韵律在服装款式设计中的运用。

2.2.1 节奏

节奏本是音乐方面的术语，是由音乐轻重缓急的起伏而形成的。亚里士多德认为，人一生下来就有喜爱节奏的天性，节奏是艺术所必需的。这一概念运用到服装中，节奏是指服装各要素之间恒定的间隔变化，可以是有序的，也可以是无序的，如反复、交替、渐变。

节奏在服装设计中主要体现在元素的排列组合上，这些元素包括但不限于线条的起伏、形状的对比、色彩的变换等，来创造视觉上的节奏感。这种重复可以是简单的，也可以是复杂的，通过重复，设计师能够引导观者的视线在服装上移动，创造出一种有规律的视觉节奏（图2-5）。

设计中的节奏还体现在元素之间的连续性上，如线条的流畅过渡、色彩的自然衔接，这些都能让服装看起来更加和谐。节奏还包含一种动态感，即服装在穿着者活动时产生的视觉效果，如飘动的裙

图2-5 具有节奏变化的女装

摆、摆动的流苏等，都能增加服装的动感（图2-6）。节奏利用既连续又呈现出规律性变化的线条或交错相似的要素，以此引导视觉关注方向，控制视觉感受的主点。

2.2.2 韵律

韵律指在节奏基础上的律动变化，人的视线在随造型要素的变化而移动的过程中，所感受到要素的动感与变化，就产生了韵律。在服

图2-6 具有动感的服装

装款式设计中，韵律美是通过对设计元素的有序重复和变化来实现的，其中包括形状韵律和色彩韵律。

形状韵律涉及服装的轮廓、剪裁、结构等几何形态的重复和变化。这种韵律可以通过服装上的连续图案、装饰线条、褶皱设计等方式展现（图2-7）。例如，服装中使用波浪形的剪裁或装饰，这种形状在不同部位以不同的大小、方向或密度重复出现，还可以通过服装的整体造型来体现，如一系列服装都采用A字形或茧形的设计，这样的统一形状在系列中就会形成一种韵律。

图2-7 具有韵律的女装

色彩韵律是指服装设计中色彩的有序排列和变化，包括色彩的明暗、饱和度、色调的渐变等。设计师可以通过色彩的重复使用、对比、渐变等手法来创造色彩韵律。例如在图案中使用一系列渐变的色彩，或者在不同部位重复使用相同的色彩，或在服装的某个特定区域重复使用一种色彩，或通过不同色彩的面积比例来创造韵律感。形状韵律和色彩韵律往往不是独立使用的，而是相互结合，共同创造出和谐而有节奏的视觉效果。

任务2.3 对称与均衡

平衡指事物双方在数量和质量上相等或相抵的一种静止的状态。服装中的平衡构成其基本因素之间对立和统一的组合关系，从而达到视觉上和心理上的平衡及安定。它以两种形式出现：一种是对称，即平分均等的绝对平衡；另一种是均衡，即不完全均等的相对平衡。

2.3.1 对称

对称也称为对等，是指事物中相同或相似的形式要素之间的组合关系所构成的绝对平衡，对称是均衡法则的特殊形式。对称之所以被视为形式美法则，是由于在大自然中存在着很多对称现象。在服装款式设计方面，对称具有安定、沉稳、大气、秩序、传统等美学特征，其中，对称的形式一般有三种，即左右对称、多轴对称、回转对称。

衣服的基本形态常采用的对称形式是左右对称，也称单轴对称，以一根轴线（身体的中线）为基准，在轴线两侧或上下进行设计因素的对称构成，如中山装、职业装、晚礼服等款式设计就是运用左右对称（图2-8）。也可以通过色彩、材质等造型

图2-8 服装款式设计中的对称法则

要素的变化，使服装款式在对称基础上，增添几分活力与创意。多轴对称是指在服装的轮廓平面上，以两根或两根以上的轴线为基准，分别进行对称配置造型要素的情况，比如双排扣西装的纽扣设计就属于双轴对称。回转对称是指以服装上某一点为中心点，旋转一定角度后与原来的设计完全重合或相似，也可以理解为以某一斜线为对称轴来设计造型要素，相比单调的单轴对称，常传达出活力、休闲、愉悦等意味。

2.3.2 均衡

均衡也称为平衡，在服装上表现为对称轴两边的造型要素不对称，但在视觉上却是平衡、平静、稳定的感觉。就如一个老式的杆秤，在提绳两端的物体大小和重量都不相同，秤杆却可以处在一种水平状态，这种现象就是均衡。在服装中，人对不同的造型要素在视觉上能产生不同的重量感，比如大的图案比小的图案感觉重一些，肌理粗糙的面料比表面光滑的面料显得更厚重一些等。

均衡的最大特点是两侧的造型要素不必相等或相同，而是富有变化、形式自由，在设计中将左右或上下两部分的设计元素在视觉重量上达到平衡（图2-9）。均衡常用于休闲装、时尚装、创意服装中，具有灵活、跳跃、丰富的造型意味，可以看作是对称的变体，而对称也可以看作是均衡的特例。均衡和对称都应该属于平衡的概念，因此对称与均衡的概念在使用时最好不要截然分开，只不过是偏于对称的平衡或是偏于均衡的平衡而已。

图2-9 服装款式设计中的均衡法则

任务2.4 对比与调和

对比与调和是两种相辅相成的形式美法则，通过对比，可以突出服装的风格和重点部分，加强视觉效果，通过调和，可以使服装保持整体的和谐与美感。在服装设计中，它们可以单独使用，也可以结合使用，以创造出丰富多样的视觉效果和满足不同的设计需求，但要注意始终在统一的前提下追求变化。

2.4.1 对比

对比指两个性质相反的元素组合在一起时所产生的强烈反差，如善与恶、真与假、美与丑、爱与憎、悲与喜等。主要特征是使具有明显差异、矛盾和对立的双方或多方，在一定条件下共处于一个完整的艺术统一体中，形成相辅相成的构成关系。

在服装设计中，对比是指造型要素之间相反属性的一种组合关系，其中对比的运用主要表现为以下几个方面。第一，款式对比。服装款式的长与短、松与紧、曲线廓形与直线廓形、凸型与凹型的设计。第二，色彩对比。在服装色彩的配置中，利用同类色、邻近色、对比色和互补色形成对比关系。第三，面料对比。服装面料质感的粗犷与细腻、硬挺与柔软、沉稳与飘逸、平展与褶皱等（图2-10）。

图2-10 对比法则在女装中的运用

2.4.2 调和

调和指事物中多个构成要素之间在质和量上均保持一种秩序和统一关系的状态。在服装设计中，调和主要是指各构成要素之间在形态上的统一和排列组合上的秩序感，具体体现在服装的款式、色彩、面料、工艺等设计要素具有统一的、和谐的美感（图2-11）。调和的方法共分三种。第一种为相似调和，指类似的物体组合在一起时所取得

项目 2　服装款式设计的美学法则

图2-11　调和法则在女装中的运用

的调和。这是一种较容易取得调和的设计方法，但是如果处理不当，也会缺乏变化。第二种为对比调和，指对比的物体组合在一起所取得的调和。这是一种不易取得调和的设计方法，若能够有技巧地进行处理，则会形成新鲜、富于变化的调和现象。第三种为标准调和，前两种调和均有其优劣，标准调和就是取两者之长，既在相似中制造对比的要素，又在对比中以相似求其安定、和谐。

任务2.5　夸张与强调

夸张与强调法则是服装设计中不可或缺的重要手法。它们能够突出设计主题，增加视觉冲击力，创造独特的审美体验。服装设计师在实践中应适度运用夸张与强调法则，确保能把握不同类型风格服装的不同程度的夸张与强调标准，避免过度设计。

2.5.1　夸张

夸张指运用丰富的想象力来扩大事物本身的特征，以增强其表达效果。在服装设计中，夸张指将服装的某一部分加以渲染或放大，比如造型、色彩、面料、装饰等，以取得服装造型的某些特殊的感觉和情趣，强化视觉冲击力（图2-12）。同时，也可运用个性化的妆容、灯光、氛围来营造更夸张的视觉效果。夸张以其独特的表达方式反映着服装设计师与服装作品之间的交流，满足着人们的审美需求。作为美学规律中较为重要的一种形式美法则，特别是对富有创意性的设计构思形式来说，夸张是一种必须使用的形式美法则，其夸张的部位和程度直接反映出服装的个性和内涵。若缺少了适当的夸张，服装设计就失去了艺术气质与风格特征。

图2-12　夸张法则在女装中的运用

2.5.2　强调

强调主要内容、削弱次要内容是任何艺术创作都必须遵循的形式法则。服装款式的强调，就是抓住本质，把美的东西、有特征的地方强调出来，使服装表现生动、特征明确；削弱就是对非主要因素进行舍弃或减弱。强调法则在服装款式设计中的运用主要有两个方面：一方面是设计师有意识地使用某种设计手法来加强风格（整体或局部的）效果，此手法使大众往往能通过对服装的第一印象感受到设计师创作时的状态，如雍容华贵的风格、简单质朴的风格、赛博朋克的风格等；另一方面是重点强调颈、肩、胸、腰、臀、腿等局部部位，同时要注重服饰配件设计，包括鞋、帽、腰饰品等来表现穿着者的个性特点（图2-13）。需要注意的是，服装款式设计中的强调主点不可太多，一般1～2个焦点为最佳。另外，服装设计的强调手法还可能包含强烈的功能强调以及对人体形态的补正等。

图2-13　强调法则在女装中的运用

任务2.6 其他美学法则

2.6.1 仿生法则

服装中的仿生设计是指服装设计师以大自然的各种生物或无机物等的形态为灵感，多数是以它们的生长结构和外部造型为模仿对象，从而设计出新颖且富有艺术美感的服装款式（图2-14）。在设计过程时，可模仿生物的全部外形，也可以模仿生物的某一部分，例如生活中常见的燕子领、蝙蝠袖、马蹄袖、喇叭裤、灯笼裤等。服装仿生设计的重点不在于造型上过分追求与生物形态的相似，而是运用解构思维，将原型的基本结构元素加以拆解、重构，从而形成全新且独特的设计。

无论如何参考自然形态，服装的设计和造型最终还是根据人的体型来进行的。对于仿生造型的服装，不仅在外观造型上要考虑人的体型需求，还要特别注意

图2-14 仿生法则在服装中的运用

服装造型的多样性和艺术性，要从造型的美学角度综合考虑服装造型的设计。这就要求服装设计师在进行服装设计时开阔思路，从大自然和生物界获得启发，运用仿生法则来丰富设计。

2.6.2 视错法则

视错指人们对形态的视觉把握和判断与所观察物体的现实特征有误差的现象，服装

设计中的视错法则是一种利用视觉错觉原理进行设计的方法（图2-15）。常见的视错包括分割视错、图案视错、色彩视错等。分割错视是指通过线条的粗细变化、间距大小，使服装在视觉上产生不同的分割效果，从而改变服装的整体感觉。例如，使用斜线、曲线等线条来创造动态感和流动感，或者通过使用横线、竖线等线条来强调服装的稳重感和挺拔感。在图案视错中，通常图案的大小、形状、颜色和排列方式，可以在视觉上产生放大或缩小、凸起或凹陷的视觉感受，从而使穿着者达到视觉上身材更加苗条或是丰满的效果。色彩视错是利用色彩的对比和错觉原理来影响人们对服装的感知，运用色彩的明度、纯度、色相等变化来创造出服装造型的空间感、层次感或扩张感等不同的视觉效果。

图2-15 视错法则在裙装中的运用

2.6.3 渐变法则

　　渐变指在造型中按一定的顺序进行阶段性的递增或递减变化，当这种变化形成协调感和统一感时便会产生美感。渐变法则在服装设计中的应用非常广泛，既可以用于整体的设计，也可以用于局部的装饰，通过服装各部位的大小、长短、宽窄等元素的逐渐变化，营造出一种流动感，使服装更加生动并具有吸引力。

　　渐变运用在服装款式设计中主要有色彩渐变、图案渐变、肌理渐变等方式，从而创造出富有层次感和节奏感的视觉效果，同时也能够突出服装的质感和立体感（图2-16）。在色彩渐变上，可以通过逐渐改变颜色的深浅、明暗、色相等，使得服装色彩更加丰富多样，形成渐变的视觉效果；在图案渐变上，可以通过逐渐改变图案的大小、形状、密度等，使图案更加富有变化；在肌理渐变方面，可以通过逐渐改变肌理的厚度、硬度、光泽等，增强服装造型的层次。

项目 2　服装款式设计的美学法则

图2-16　渐变法则在礼服中的运用

思考题：

1. 服装款式设计的美学法则有哪些？
2. 服装款式设计中的节奏与韵律有哪些特点？
3. 实现服装款式设计中的统一与变化有哪些手法？

项目练习：

1. 挑选3个品牌分析其近2年款式设计中的美学原理。
2. 列举10个服装款式设计中体现统一与变化的案例。
3. 列举10个服装款式设计中体现夸张与强调的案例。

项目 3
服装局部款式设计

教学内容 分别从衣领、衣袖、口袋、门襟、腰胯进行专题设计和绘制,针对不同的人群、场合、时间等分享多种案例。

知识目标 掌握五个专题设计的设计和绘图技法,熟悉服装的风格与分类。

能力目标 能有针对性地进行服装局部专题设计;提高绘图与设计能力;开拓视野,提高设计审美。

思政目标 在讲解部件款式设计的流程和技巧时,穿插讲解设计师的职业道德和行业规范,如诚实守信、尊重消费者需求等,培养学生的职业素养和道德观念。

服装的局部指的是在人体的某些结构性位置，或在服装设计中所处的关键性部位，它可以作为局部设计的一个重要的着眼位置。但不是衣服所有的地方都可以作为局部来进行设计，它必须是合理有效的，可以带来服装某种特征的。

服装局部款式设计又称服装局部造型设计，是指衣领、衣袖和口袋等，甚至包括细节上的服饰配件，如纽扣、拉链、腰带装饰等服装各组成部分的设计，本项目挑选了服装的几个主要部件开展专项设计练习。

任务3.1　衣领款式设计

衣领处于衣服的醒目位置，所以衣领的美观与合体一直以来是服装结构研究的重点之一。如果能将衣领设计与人体颈部紧密结合，那么在进行结构造型时将取得事半功倍的效果。

3.1.1　衣领概述

衣领是服装款式设计中的关键部分，在形式上，有着衬托脸型和突出款式特点的作用。领型因用途和视觉效果的不同，可分为有领和无领两大类。利用领子的大小、高低、长短、宽窄和各种领型、领角、领边的变化，可形成不同的衣领式样（图3-1）。

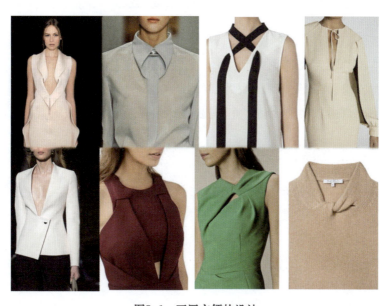

图3-1　不同衣领的设计

3.1.2 衣领款式绘制步骤

3.1.2.1 翻领款式绘制

翻领经常出现在衬衫、大衣、西装等较有挺括感的服装中,翻领的造型与大小有多种变化,笔者选择较有代表性的款式进行绘制步骤讲解,具体如下(图3-2)。

(a)步骤一　　　　(b)步骤二　　　　(c)步骤三　　　　(d)步骤四

图3-2　翻领款式绘制步骤

步骤一:先画出贴近颈部的领围线,注意领子与颈部的贴合度。

步骤二:画出翻领大致造型。

步骤三:画出与翻领相连接的百褶边缘线。

步骤四:完成百褶造型线绘制,并画出需缉明线部分。

3.1.2.2 立领款式绘制

立领多出现在中式的服装中,具有修饰颈部线条的作用,以下为立领的绘制步骤(图3-3)。

步骤一:先画出领围线。

步骤二:画出立领领型的轮廓线。

步骤三:画出立领下半部分的造型。

步骤四:画出立领的包边线条,并画上盘扣。

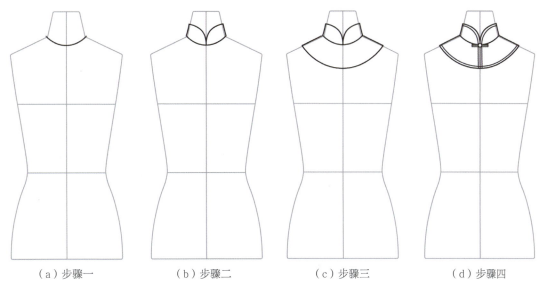

(a)步骤一　　　　　(b)步骤二　　　　　(c)步骤三　　　　　(d)步骤四

图3-3　立领款式绘制步骤

3.1.3　衣领款式设计实例及绘制

衣领款式设计实例及绘制如图3-4所示。

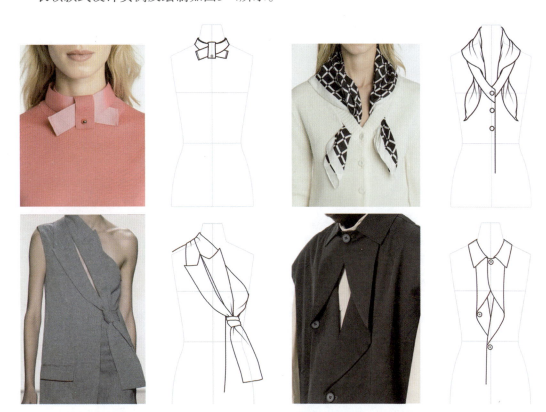

图3-4　衣领款式设计实例及绘制

3.1.4　衣领款式设计赏析

衣领款式设计赏析如图3-5所示。

图3-5　衣领款式设计赏析

任务3.2　衣袖款式设计

衣袖是服装中不可或缺的一部分，它能够为服装增添独特的个性和风格。衣袖的设计不仅影响服装的整体美感，还直接关系到穿着者的舒适度和活动自由度。

3.2.1 衣袖概述

衣袖的设计大致包括袖型的设计，袖山和袖窿的设计，袖口的设计和衣袖的长度设计。在衣袖的袖山、袖窿、袖口等部位进行设计或添加制造细节变化，能设计出丰富多样的衣袖款式（图3-6）。

图3-6　衣袖设计

3.2.2 衣袖款式绘制步骤

3.2.2.1 衣袖款式一

下面以一款袖口设计较为复杂的款式为例进行介绍。本款衣袖呈喇叭形，是服装设计中常出现的款式，以下为本款衣袖的绘制步骤（图3-7）。

步骤一：先确定肩点的位置即肩线与袖窿线的交点。

步骤二：画出衣袖上半部分的造型，确定与下半部分衣袖的拼合线。

步骤三：画出下半部分衣袖的基本造型，注意喇叭袖边缘的弧度绘制。

步骤四：画出喇叭袖其他层次，并勾出褶皱线。

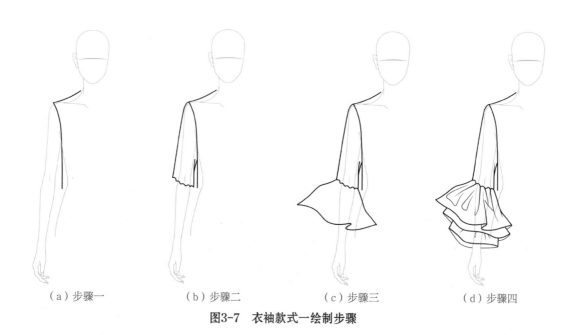

（a）步骤一　　　　（b）步骤二　　　　（c）步骤三　　　　（d）步骤四

图3-7　衣袖款式一绘制步骤

3.2.2.2　衣袖款式二

本款衣袖设计点主要在袖窿处，出现这款衣袖的服装款式造型一般较为夸张，呈T字形，绘制的过程中需注意袖窿处的褶皱处理，具体绘制步骤如下（图3-8）。

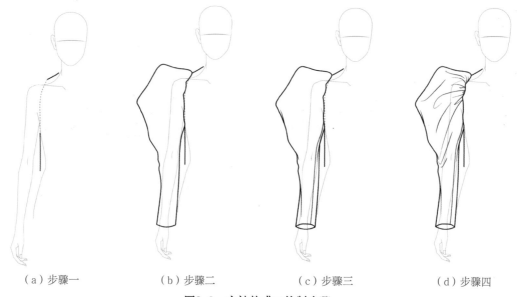

（a）步骤一　　　　（b）步骤二　　　　（c）步骤三　　　　（d）步骤四

图3-8　衣袖款式二绘制步骤

步骤一：确定袖窿线的大致位置，画出参考线。

步骤二：根据参考线的弧度绘出袖窿线，并绘出衣袖的外轮廓线。

步骤三：画出外轮廓线的褶皱线与衣袖的拼接线，注意褶皱线与拼接线可比外轮廓线稍细一些。

步骤四：画出袖窿处的褶皱线，注意褶皱线的方向。

3.2.3 衣袖款式设计实例及绘制

衣袖款式设计实例及绘制如图3-9所示。

图3-9 衣袖款式设计实例及绘制

3.2.4 衣袖款式设计赏析

衣袖款式设计赏析如图3-10所示。

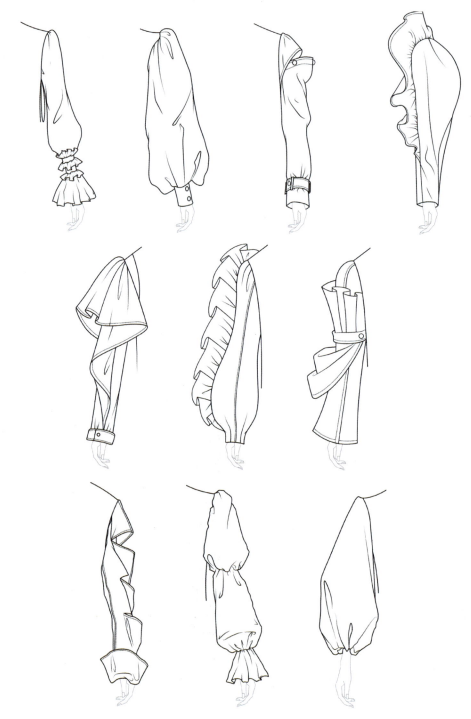

图3-10 衣袖款式设计赏析

任务3.3 口袋款式设计

口袋款式设计在服装设计中扮演着重要角色，它不仅能够为服装增添实用性和功能性，还能通过其独特的形状、位置和装饰元素，为整体设计增添层次感和设计感。

3.3.1 口袋概述

服装中口袋的设置多以实用为目的，而口袋对服装款式的视觉影响又使其增加了装饰的作用。

在现代服装设计中，口袋在职业装中出现得多一些。有时为了服装的合体性和服装制作方便的需要，可以省略口袋的设计。口袋作为装饰的作用一般大于其实用的作用（图3-11）。

图3-11 口袋设计

3.3.2 口袋款式设计实例及绘制

口袋款式设计实例及绘制如图3-12所示。

图3-12 口袋款式设计实例及绘制

3.3.3 口袋款式设计赏析

口袋款式设计赏析如图3-13所示。

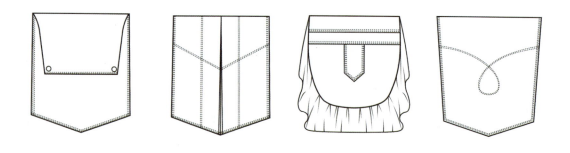

项目 3　服装局部款式设计

图3-13　口袋款式设计赏析

任务3.4 门襟款式设计

门襟不仅是服装的闭合部分,而且是整体设计中的一个关键元素,能够极大地影响服装的美观和穿着体验。门襟款式需要根据服装整体风格的需要和穿着的需求,选择合适的类型、长度和装饰元素。

3.4.1 门襟概述

为了穿脱方便,衣服必须在衣片与领口相接的前部、后部或肩部留一个开口,通常主要选择服装的前部作为门襟的开口位置。

根据所设计的长度不同,门襟可以分为半开襟和全开襟的类型;根据所设的位置不同,门襟可形成正开襟式和偏开襟式(图3-14)。

图3-14 门襟设计

3.4.2 门襟款式绘制步骤

3.4.2.1 门襟款式一绘制步骤

本款设计是把波浪褶与门襟进行结合,一般用在衬衫的款式中,增加衬衫可爱甜美的效果,具体绘制步骤如下(图3-15)。

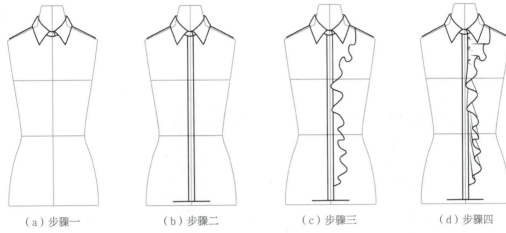

(a)步骤一　　　　(b)步骤二　　　　(c)步骤三　　　　(d)步骤四

图3-15　门襟款式一绘制步骤

步骤一:确定衬衫的领型,绘制步骤可参考3.1.2中的内容。
步骤二:画出门襟的基础线条,以及确定门襟的长度。
步骤三:画出波浪褶的弧度线。
步骤四:画出波浪褶产生的褶皱线。

3.4.2.2　门襟款式二绘制步骤

本款为多层次门襟的款式设计,在绘制的过程中要注意衣片之间的重叠关系。具体绘制步骤如下(图3-16)。

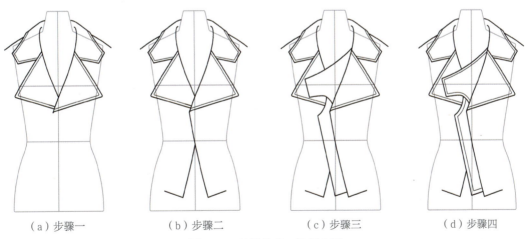

(a)步骤一　　　　(b)步骤二　　　　(c)步骤三　　　　(d)步骤四

图3-16　门襟款式二绘制步骤

步骤一:先确定好领子的基本造型,绘制步骤可参考3.1.2中的内容。
步骤二:画出最外层的门襟,确定门襟长度。
步骤三:确定内层门襟造型,画出内层门襟。
步骤四:完善细节,绘制门襟包边线条。

3.4.3　门襟款式设计实例及绘制

门襟款式设计实例及绘制如图3-17所示。

图3-17　门襟款式设计实例及绘制

3.4.4　门襟款式设计赏析

门襟款式设计赏析如图3-18所示。

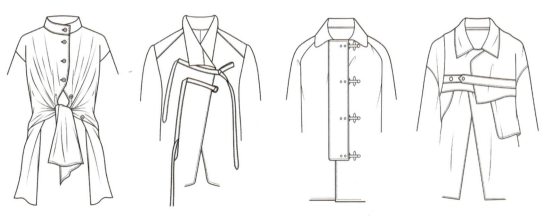

图3-18 门襟款式设计赏析

任务3.5 腰胯款式设计

腰胯部位的款式设计不仅能够影响服装的整体美感，而且能帮助穿着者优化身材比例。设计腰胯款式时需要根据穿着者的身材特点和需求，选择合适的腰部和胯部设计元素。

3.5.1 腰胯款式设计概述

如今腰胯款式的设计变得越发时尚，加入一些很小的细节，就会使整个裤子变得更加精致、耐看。可以结合绑带、褶皱等夸张的造型，或者是重叠的腰头来强调服装风格，丰富设计语言（图3-19）。

图3-19 腰胯款式设计

3.5.2 腰胯款式绘制步骤

3.5.2.1 腰胯款式一绘制步骤

本款腰胯款式设计是许多正装裤中经常出现的交叠设计,在绘制的过程中需注意层次之间的重叠关系,具体绘制步骤如下(图3-20)。

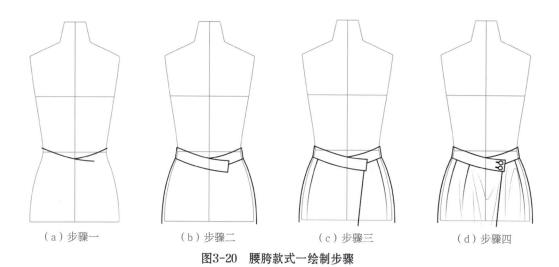

(a)步骤一　　　　(b)步骤二　　　　(c)步骤三　　　　(d)步骤四

图3-20　腰胯款式一绘制步骤

步骤一:确定胯部的基础腰围线。
步骤二:确定腰部宽度,并画出裤子的基本外轮廓线。
步骤三:画出裤子交叠出门襟。
步骤四:完善细节,画出纽扣与褶皱。

3.5.2.2 腰胯款式二绘制步骤

本款腰胯部位采用了系带式设计,需要注意带结的绘制,大多出现在裙装中,具体绘制步骤如下(图3-21)。

步骤一:确定胯部的基础腰围线以及交叠关系。
步骤二:确定系结位置,并画出裙身的基本外轮廓。
步骤三:画出结带的造型,注意穿插关系。
步骤四:完善细节,画出因系结产生的褶皱线条。

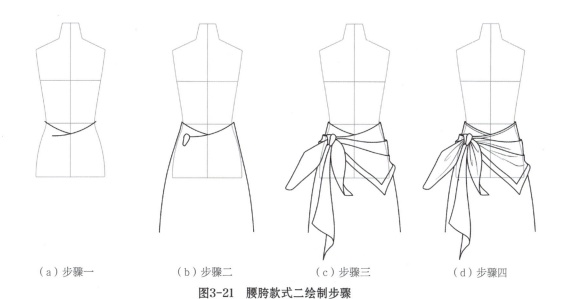

（a）步骤一　　　　（b）步骤二　　　　（c）步骤三　　　　（d）步骤四

图3-21　腰胯款式二绘制步骤

3.5.3　腰胯款式设计实例及绘制

腰胯款式设计实例及绘制如图3-22所示。

图3-22　腰胯款式设计实例及绘制

3.5.4　腰胯款式设计赏析

腰胯款式设计赏析如图3-23所示。

图3-23　腰胯款式设计赏析

思考题：

1. 不同领型对服饰有什么影响？
2. 口袋对服装有什么作用？
3. 腰胯款式设计需要关注哪些要素？

项目练习：

1. 设计5个不同的门襟造型。
2. 运用抽褶元素设计5个不同的衣袖。
3. 运用系带元素设计5个不同的衣领。

项目 4
上装款式设计

教学内容 分别从T恤、衬衫、马甲、西装、夹克、风衣、大衣、羽绒服、居家服进行专题设计和绘制，针对不同的人群、场合、时间等分享多种案例。

知识目标 掌握五个专题的设计和绘图技法，熟悉服装的风格与分类。

能力目标 能有针对性地进行服装不同上装专题设计；提高绘图与设计能力；开阔视野，提高设计审美。

思政目标 强调在服装款式设计过程中注重细节、精益求精的工匠精神，引导学生树立正确的职业观念，尊重知识产权，遵守行业规范，培养诚实守信、敬业奉献的职业道德品质。

所谓上装设计，主要是对常见的上衣服装款式进行设计，例如T恤、衬衫、夹克、大衣等，都是日常生活中经常出现的衣服。在设计上衣前需要理解上身结构，人体比例可参考图4-1。本项目介绍9类上衣的款式特点、款式细节，并且通过一些案例进行说明。

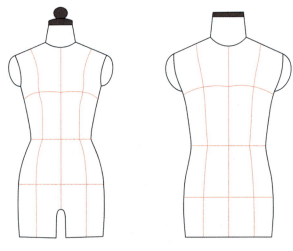

图4-1　男（左）、女（右）人台参考图

任务4.1　T恤、衬衫款式设计

T恤、衬衫款式较为丰富，设计元素通常包括领型、袖型、图案和颜色等。两者在风格上都有修身、休闲两种，在设计时需考虑功能、场合以及穿着者的需求。无论是简约经典的款式，还是时尚前卫的设计，都可以展现出个人的魅力和风格。

4.1.1　T恤、衬衫概述

T恤，又称T恤衫、体恤衫或T字衫，是春夏季人们喜欢的服装之一。它以自然、舒适、潇洒又不失庄重之感的优点而深受人们喜爱。T恤通常没有衣领，也不用扣子，通过针织手法生产制作，有弹性，穿着舒适轻松。

衬衫通常有领子、扣子，领型多样，如尖领、方领、圆角领等。衬衫的制作面料多为梭织，基本没有弹性。衬衫的用途广泛，既可用于正式场合，如出席活动或会议，也可用于日常休闲穿着。随着时尚的不断发展，目前也有很多适合在日常休闲时穿着的休闲衬衫。

T恤与衬衫都属于春夏季服饰中常见的款式类型，可作为内搭穿着于西装、大衣等外套内，款式也较为多样（图4-2）。

项目 4　上装款式设计

图4-2　T恤、衬衫款式设计

4.1.2　T恤、衬衫款式绘制步骤

4.1.2.1　T恤款式绘制步骤

本款为短款T恤款式设计，衣服下摆有悬垂感的褶皱设计。在绘制时需注意褶皱线的方向和虚实变化，绘制步骤如图4-3所示。

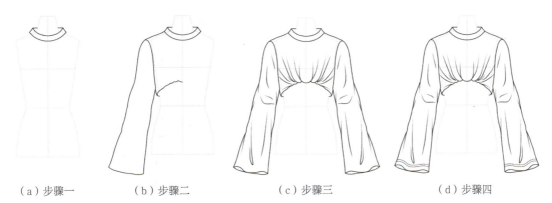

（a）步骤一　　　（b）步骤二　　　（c）步骤三　　　（d）步骤四

图4-3　T恤款式绘制步骤

步骤一：确定T恤领部位置，并画出圆领。
步骤二：画出T恤左侧的轮廓线。

63

步骤三：把左侧轮廓线对称到右侧，并画出T恤褶皱线。
步骤四：画出T恤上缝制的明线。

4.1.2.2 衬衫款式绘制步骤

本款为系带款衬衫的设计，衣身较为宽松，绘制时需注意衣身的宽松度，衣领系带要注意穿插关系的处理，绘制步骤如图4-4所示。

（a）步骤一　　　　（b）步骤二　　　　（c）步骤三　　　　（d）步骤四

图4-4　衬衫款式绘制步骤

步骤一：画出衬衫衣领部分，步骤可参考项目3中衣领绘制步骤。
步骤二：画出衬衫左侧轮廓线条。
步骤三：把左侧轮廓线对称到右侧，并调整好位置，画出褶皱线。
步骤四：画出衬衫上缝制的明线，调整细节，画出衬衫纽扣。

4.1.3　T恤、衬衫款式设计实例及绘制

T恤和衬衫款式设计实例及绘制如图4-5所示。

图4-5　T恤、衬衫款式设计实例及绘制

4.1.4　T恤、衬衫款式设计赏析

T恤、衬衫款式设计赏析如图4-6所示。

图4-6　T恤、衬衫款式设计赏析

任务4.2 马甲款式设计

马甲为无袖的上衣款式，可以是紧身或宽松的版型，取决于设计的风格和穿着的目的。领口设计也多种多样，包括圆领、V领、U领等，每种领型都能带来不同的视觉效果。

4.2.1 马甲概述

马甲也称为背心，具有保暖性、装饰性、实用性的特点。在时尚界和日常生活中都扮演着重要的角色。通过不同的款式和搭配方式，马甲能够展现出不同的风格和魅力，为人们的穿着增添更多的选择和可能性（图4-7）。

图4-7 马甲款式设计

4.2.2 马甲款式绘制步骤

4.2.2.1 马甲款式一绘制步骤

此款马甲设计以功能性为主,且款式较为休闲。在绘制时要注意与人体间的距离既体现一定的宽松度,且马甲上的褶皱会较多。具体绘制步骤如图4-8所示。

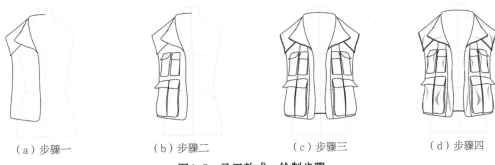

(a)步骤一　　(b)步骤二　　(c)步骤三　　(d)步骤四

图4-8　马甲款式一绘制步骤

步骤一:画出马甲左侧轮廓线与基本结构线。
步骤二:画出左侧马甲上的口袋造型。
步骤三:把画好的左侧衣片对称到右侧,调整好位置,并画出款式上的拉链。
步骤四:画出马甲上的褶皱。

4.2.2.2 马甲款式二绘制步骤

本马甲为新中式设计,款式较为宽松、飘逸。下摆褶皱的设计是关键,要注意褶皱纹理的线条的方向。具体绘制步骤如图4-9所示。

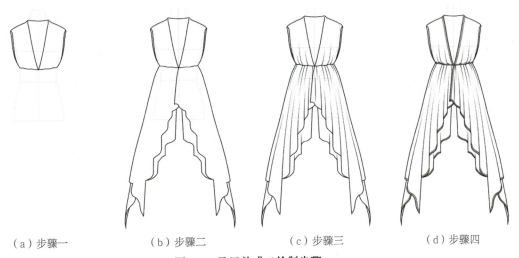

(a)步骤一　　(b)步骤二　　(c)步骤三　　(d)步骤四

图4-9　马甲款式二绘制步骤

步骤一：绘出马甲上半部分的轮廓线。
步骤二：确定马甲下半部分的基本结构，并画出轮廓线。
步骤三：画出马甲的褶皱线。
步骤四：画出马甲上缝制的明线。

4.2.3 马甲款式设计实例及绘制

马甲款式设计实例及绘制如图4-10所示。

图4-10 马甲款式设计实例及绘制

4.2.4 马甲、背心款式设计赏析

马甲款式设计赏析如图4-11所示。

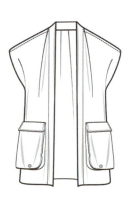

项目 4　上装款式设计

图4-11　马甲款式设计赏析

任务4.3　西装、夹克款式设计

西装、夹克一般都为短款上衣，作为外套穿着于外层。西装大多展现稳重、大气和优雅的气质，适合较为正式的场合穿着；夹克注重于体现时尚感、个性化和舒适度，适合休闲场合穿着。无论是哪种外套，都需要根据穿着者的身材特点和审美需求来选择合适的款式。

4.3.1　西装、夹克概述

西装大约是在晚清时期由西方传入中国的一种服饰，可谓是"舶来文化"的发展和延续，到现代已经是人们在较为正式场合中的主要着装。按西装件数分类为单件西装、两件套西装（上衣、裤子/裙子）、三件套西装（上衣、裤子/裙子、背心）。按纽扣分类为单排扣西装和双排扣西装。按版型分类为欧版西装、英版西装、美版西装和日版西装。按领型分类为平领、戗翎、驳领。按制作工艺和风格分类为正式西装和休闲西装（图4-12）。

图4-12 西装设计

夹克属于短上衣类型,翻领对襟居多,多用按扣或者拉链。夹克时尚百搭,包括有绗缝夹克、休闲夹克、骑行夹克、飞行夹克等,多为秋冬常见款式。夹克的结构上除了下摆、袖口不经常变化外,其他结构都没有太大限制。

4.3.2　西装、夹克款式绘制步骤

4.3.2.1　西装款式一绘制步骤

本款为新中式设计西装,绘制时要注意斜襟的位置。袖子较为宽松,褶皱的绘制线条要体现虚实,绘制步骤如图4-13所示。

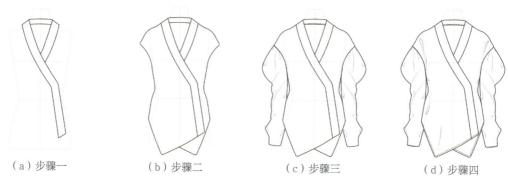

（a）步骤一　　　（b）步骤二　　　（c）步骤三　　　（d）步骤四

图4-13　西装款式一绘制步骤

步骤一：确定斜襟的位置，画出领围。
步骤二：画出衣身的轮廓线。
步骤三：画出衣袖的轮廓线与褶皱线。
步骤四：画出衣身褶皱线与缝制的明线。

4.3.2.2 西装款式二绘制步骤

本款西装设计点主要为拼接，要注意拼接线与人体、衣身结构之间的关系，绘制步骤如图4-14所示。

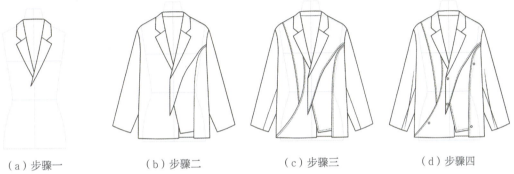

（a）步骤一　　　（b）步骤二　　　（c）步骤三　　　（d）步骤四

图4-14　西装款式二绘制步骤

步骤一：画出西装衣领，参考项目3中衣领的绘制步骤。
步骤二：画出西装轮廓线与拼接线。
步骤三：画出西装上缝制的明线。
步骤四：画出西装上的纽扣与褶皱线。

4.3.3　西装、夹克款式设计实例及绘制

西装、夹克款式设计实例及绘制如图4-15和图4-16所示。

图4-15　西装款式设计实例及绘制

图4-16 夹克款式设计实例及绘制

4.3.4 西装、夹克款式设计赏析

西装、夹克款式设计赏析如图4-17所示。

项目4　上装款式设计

图4-17　西装、夹克款式设计赏析

任务4.4　风衣、大衣款式设计

风衣、大衣是时尚界的经典单品。风衣相较于大衣较为轻薄，适合春秋冬三季穿着，大衣则适合冬季穿着。风衣、大衣的款式设计都注重实用性和时尚性的结合，通过不同的剪裁、面料、色彩和细节设计来呈现出不同的风格特点。

4.4.1　风衣、大衣概述

风衣、大衣主要在面料上有所区别，款式较为接近，都起源于欧洲，款式一般在腰部横向裁剪并接衣长至膝盖，开襟分为单排扣或者双排扣，常见款式为大翻领、收腰式，口袋以贴袋为主。随着科技的进步，风衣、大衣面料和款式也更为多样化，是春秋冬季常见的服装款式（图4-18）。

图4-18　风衣、大衣款式设计

4.4.2　风衣、大衣款式绘制步骤

4.4.2.1　大衣款式绘制步骤

本款为短款大衣设计，对襟与立领的设计增加了中式的效果。绘制时需注重宽松度

73

的把握，绘制步骤如图4-19所示。

（a）步骤一　　　（b）步骤二　　　（c）步骤三　　　（d）步骤四

图4-19　大衣款式绘制步骤

步骤一：绘制出大衣的立领，参考项目3中衣领绘制步骤。
步骤二：画出大衣左侧结构线条。
步骤三：把左侧结构线对称到右侧，调整好位置，并画出大衣褶皱线。
步骤四：画出大衣上缝制的明线。

4.4.2.2　风衣款式绘制步骤

本款为长款腰带风衣设计，绘制时注意风衣的宽松度表现，绘制步骤如图4-20所示。

（a）步骤一　　　（b）步骤二　　　（c）步骤三　　　（d）步骤四

图4-20　风衣款式绘制步骤

步骤一：绘制出风衣衣领与门襟线，参考项目3中衣领绘制步骤。
步骤二：画出风衣左侧轮廓线并对称到右侧。
步骤三：画出衣身上的口袋结构。
步骤四：画出风衣上缝制的明线，完善细节，确定纽扣位置并画出纽扣。

4.4.3　风衣、大衣款式设计实例及绘制

风衣、大衣款式设计实例及绘制如图4-21所示。

图4-21　风衣、大衣款式设计实例及绘制

4.4.4　风衣、大衣款式设计赏析

风衣、大衣款式设计赏析如图4-22所示。

服装款式设计

图4-22 风衣、大衣款式设计赏析

任务4.5 羽绒服、居家服款式设计

羽绒服、居家服为两种具有特殊功能性的服装。羽绒服主要起到保暖的作用，材料上多为鸟禽的绒毛。家居服主要为居家时穿着，以天然材料为主，一般为丝、棉、麻几类。因此，两者在款式设计上应遵从各自功能和材料上的属性。

4.5.1 羽绒服、居家服概述

羽绒多呈花朵状,且羽绒上有很多细小的气孔,可以随着气温的变化膨胀和收缩,吸收热量并隔绝外界的冷空气,因此,羽绒一般被用来制作羽绒服。羽绒服是主要的冬季服装,它的特点是面料轻盈,质感蓬松,表面带有绗缝线迹(图4-23)。

图4-23 羽绒服设计

居家服的款式多种多样,一般以套装或连衣裙的式样出现,多使用柔软亲肤的面料制作,例如纯棉、丝绸等,款式多宽松、休闲。

4.5.2 羽绒服款式绘制步骤

4.5.2.1 羽绒服款式一绘制步骤

本款为短款羽绒服,全身充绒的设计。羽绒服装较为蓬松,因此服装表面会有很多细碎的褶皱,是绘制此类服饰的关键。具体绘制步骤如图4-24所示。

步骤一:绘制出左侧衣片的外轮廓线。
步骤二:把左侧轮廓线对称到右侧,调整好位置,并画出拉链的位置。
步骤三:画出羽绒服上细碎的褶皱。
步骤四:调整细节,画出拉链痕迹。

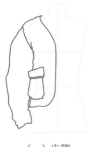   

（a）步骤一　　　　　（b）步骤二　　　　　（c）步骤三　　　　　（d）步骤四

图4-24　羽绒服款式一绘制步骤

4.5.2.2　羽绒服款式二绘制步骤

本款为无袖羽绒服设计，全身充绒，款式较为宽松。绘制时注重全身细碎褶皱的处理，具体绘制步骤如图4-25所示。

（a）步骤一　　　　　（b）步骤二　　　　　（c）步骤三　　　　　（d）步骤四

图4-25　羽绒服款式二绘制步骤

步骤一：绘制出连帽部分的结构线。
步骤二：画出羽绒服整体结构线。
步骤三：画出羽绒服上缝制的明线，此处需注意明线因衣身起伏而产生曲折变化。
步骤四：画出衣身上细碎的褶皱。

4.5.3　羽绒服、居家服款式设计实例及绘制

羽绒服、居家服款式设计实例及绘制分别如图4-26和图4-27所示。

图4-26　羽绒服款式设计实例及绘制

图4-27 居家服款式设计实例及绘制

4.5.4 羽绒服、居家服款式设计赏析

羽绒服、居家服款式设计赏析分别如图4-28和图4-29所示。

图4-28 羽绒服款式设计赏析

79

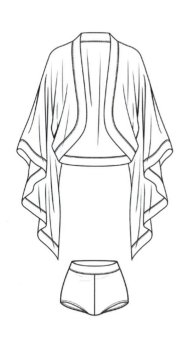

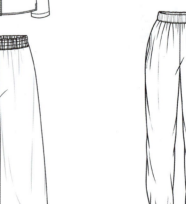

图4-29 居家服款式设计赏析

更多上衣款式设计

思考题：

1. 休闲西装与正式西装在设计上有哪些不同？
2. 夹克在设计上可以运用哪些设计手法？
3. 羽绒服款式的设计应注意哪些要素？

项目练习：

1. 运用抽绳元素设计4款T恤。
2. 设计4款休闲西装。
3. 运用3种手法设计3款夹克。

椿之梦

项目 5
下装款式设计

教学内容 分别从长裤、短裤、短裙和半身裙四种下装款式进行专题设计和绘制，结合流行趋势和实用功能，进行款式分析和设计实践，配合实际案例，让学生全面掌握下装设计的要点。

知识目标 掌握四个专题设计的设计和绘图技法，熟悉服装的风格与分类。

能力目标 能有针对性地进行下装专题设计；提高绘图与设计能力；开拓视野，提高设计审美。

思政目标 提高对下装概念的界定和属性分析的科学素养；引导学生将中国传统文化元素融入下装设计中，设计出既具有现代感又体现传统韵味的服装作品。

下装是服装款式设计中针对腿部和臀部部分的服饰，主要包括长裤、短裤、短裙和半身裙等。这些款式的设计灵活多变，适合不同场合和风格的穿搭需求。下装的设计注重舒适度和美观度，可以根据个人喜好和场合选择适合的款式和材质。与一体装相比，下装在搭配上具有更多的灵活性和多样性，可以根据上衣和鞋的款式及颜色进行自由搭配，展现出不同的风格和个性。同时，下装也可以根据个人身材特点和需求进行选择及剪裁，以更好地修饰和展现身材优势。

任务5.1　长裤款式设计

长裤是较为常见的下装款式，材质和剪裁多样，适合各种场合（图5-1）。其长度通常覆盖整个腿部，可以修饰腿部线条，适合不同身材和风格的穿着者，同时提供较好的保暖效果。

图5-1　下装款式之长裤

5.1.1 长裤概述

长裤一般由裤腰、裤裆、裤身缝制而成。由于造型及面料材质的不同,女式长裤主要分为直筒裤、西裤、锥形裤、喇叭裤、阔腿裤、灯笼裤、紧身裤等(图5-2)。锥形裤也称小脚裤,有较好的瘦身与修身效果。女式阔腿裤造型简洁大方,宽松的轮廓可以使双腿看起来更加修长。贴腿型长裤是紧身裤的一种,其面料弹性较大,适合腿型修长的女性穿着。

图5-2 各种款式的女士长裤

5.1.2 长裤款式绘制步骤

5.1.2.1 长裤款式一绘制步骤

此款长裤为高腰西装喇叭裤,裤腿上窄下宽,从膝盖向下逐渐张开,可以很好地修饰身体曲线。具体绘制步骤如下(图5-3)。

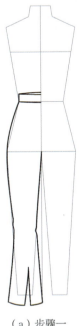  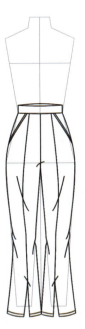 

(a)步骤一　　　　(b)步骤二　　　　(c)步骤三　　　　(d)步骤四

图5-3 长裤款式一绘制步骤

步骤一：先绘制裤子的左半边，确定好腰节长度和裤子的造型。

步骤二：再绘制口袋和裤装中的分割线条。

步骤三：将上述两个步骤中的全部内容进行对称复制。

步骤四：最后绘制纽扣、缝纫线等细节，调整线条粗细，让线条更灵动，更符合款式需要。

5.1.2.2 长裤款式二绘制步骤

此款长裤为低腰牛仔阔腿裤，假两件设计，整体偏时尚潮流，适合年轻人。具体绘制步骤如下（图5-4）。

(a) 步骤一　　(b) 步骤二　　(c) 步骤三　　(d) 步骤四

图5-4　长裤款式二绘制步骤

步骤一：先绘制裤子的左半边，确定好腰节长度和裤子的造型。

步骤二：再绘制口袋、裤袢、裤装中的分割线条和装饰线条。

步骤三：将上述两个步骤中的全部内容进行对称复制。

步骤四：最后绘制纽扣、缝纫线等细节，调整线条粗细，让线条更灵动，更符合款式需要。

5.1.3　长裤款式设计实例及绘制

长裤款式设计实例及绘制如图5-5所示。

图5-5 长裤款式设计实例及绘制

5.1.4　长裤款式设计赏析

长裤款式设计赏析如图5-6所示。

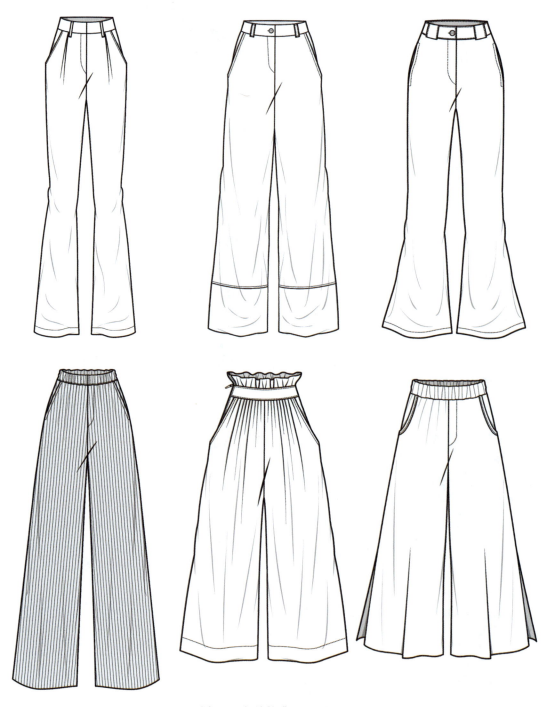

图5-6　长裤款式设计赏析

项目 5　下装款式设计

任务5.2　短裤款式设计

短裤原为男童服装,后来在20世纪70年代欧美国家因能源危机而提倡减少使用空调及风扇而改穿衣料较少的衣服,如今已成为女性的流行时装。短裤指长度较短的裤子,通常只覆盖大腿部分,适合夏季或需要展示腿部线条的穿搭,适合休闲和运动的场合(图5-7)。

图5-7　下装款式之短裤

5.2.1 短裤概述

短裤按照长度一般分为超短裤和常规款短裤。其中超短裤也称热裤,是夏季女性经常穿着的一种款式,通常由牛仔布、全棉等面料制作而成。此外,百慕大短裤、运动短裤、西装短裤等都是经典的款式(图5-8)。

图5-8 各种款式的女士短裤

5.2.2 短裤款式绘制步骤

5.2.2.1 短裤款式一绘制步骤

此款短裤为中腰工装休闲短裤，多口袋的设计，方便携带小物件，非常适合户外活动和日常生活。具体绘制步骤如下（图5-9）。

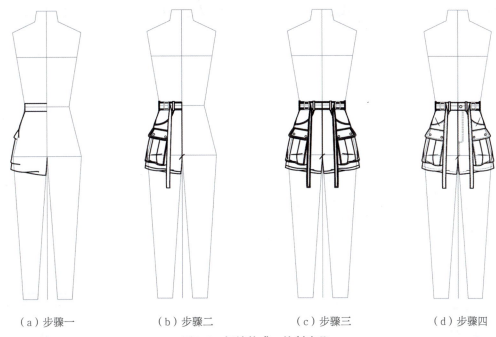

（a）步骤一　　　（b）步骤二　　　（c）步骤三　　　（d）步骤四
图5-9　短裤款式一绘制步骤

步骤一：先绘制短裤的左半边，确定好腰节长度和整体造型。
步骤二：再绘制口袋、裤裆、腰带的造型。
步骤三：将上述两个步骤中的全部内容进行对称复制。
步骤四：最后绘制纽扣、缝纫线等细节，调整线条粗细，让线条更灵动，更符合款式需要。

5.2.2.2 短裤款式二绘制步骤

此款短裤为高腰抽绳牛仔短裤，设计感十足，有修饰臀型和腿型的效果。具体绘制步骤如下（图5-10）。

步骤一：先绘制短裤的左半边，确定好腰节长度和整体造型。
步骤二：再绘制侧缝的抽绳、腰头的裤袢和裤装中的分割线条。
步骤三：将上述两个步骤中的全部内容进行对称复制。
步骤四：最后绘制纽扣、缝纫线等细节，调整线条粗细，让线条更灵动，更符合款式需要。

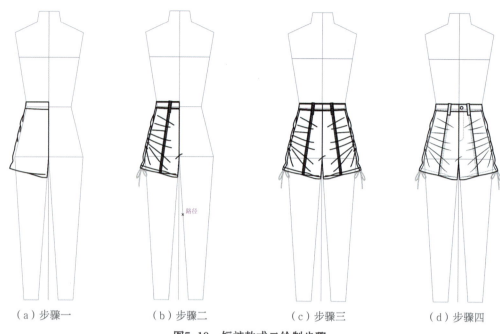

(a)步骤一　　　　(b)步骤二　　　　(c)步骤三　　　　(d)步骤四

图5-10　短裤款式二绘制步骤

5.2.3　短裤款式设计实例及绘制

短裤款式设计实例及绘制如图5-11所示。

图5-11　短裤款式设计实例及绘制

5.2.4 短裤款式设计赏析

短裤款式设计赏析如图5-12所示。

图5-12 短裤款式设计赏析

任务5.3 短裙款式设计

短裙是一种围于下体的服装,略呈环状,为下装的两种基本形式(另一种为裤装)之一,通常只覆盖臀部和大腿部分,是女性夏季常见的穿搭选择,其设计注重时尚或性感(图5-13)。

图5-13　下装款式之短裙

5.3.1　短裙概述

短裙并没有一个严格的长度定义，但通常被认为是在膝盖以上，长度在25～50cm之间的裙子。其中超短裙也称迷你裙，百褶裙、牛仔裙、包臀裙、皮裙、A字裙、直筒裙都是女性常穿的款式（图5-14）。

图5-14　各种款式的短裙

5.3.2　短裙款式绘制步骤

5.3.2.1　短裙款式一绘制步骤

此款短裙为高腰A字超短裙，上窄下宽，裙摆在腰部很贴身，而越往下，裙摆则越往外松展，形成一个梯形。具体绘制步骤如下（图5-15）。

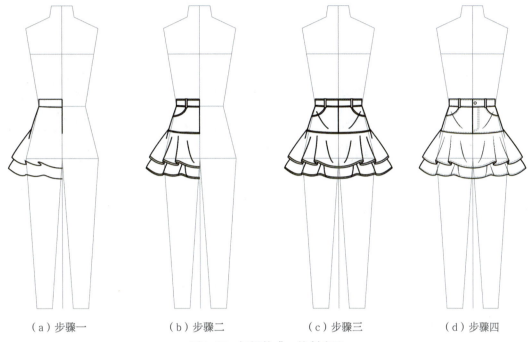

（a）步骤一　　　（b）步骤二　　　（c）步骤三　　　（d）步骤四

图5-15　短裙款式一绘制步骤

步骤一：先绘制短裙的左半边，确定腰节长度和整体造型。
步骤二：再绘制口袋、腰裥、分割线和褶皱。
步骤三：将上述两个步骤中的全部内容进行对称复制。
步骤四：最后绘制纽扣、缝纫线等细节，将线条调整为粗细有别，增强裙子的立体感。

5.3.2.2　短裙款式二绘制步骤

此款短裙为不规则"蛋糕"短裙，裙身就像蛋糕一样，层层叠叠的繁复款式，通过每节裙片褶皱，产生这种层叠的波浪效果，风格偏活泼甜美。具体绘制步骤如下（图5-16）。

步骤一：绘制短裙的左半边，确定好腰节长度和整体造型。
步骤二：确定层数，绘制荷叶和裙边褶皱。
步骤三：将上述两个步骤中的全部内容进行对称复制。
步骤四：调整荷叶的走向，并将线条调整为粗细有别，增强裙子的立体感，让线条更灵动，更符合款式需要。

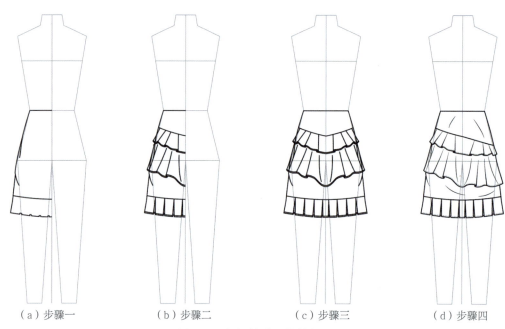

（a）步骤一　　　（b）步骤二　　　（c）步骤三　　　（d）步骤四

图5-16　短裙款式二绘制步骤

5.3.3　短裙款式设计实例及绘制

短裙款式设计实例及绘制如图5-17所示。

图5-17　短裙款式设计实例及绘制

5.3.4　短裙款式设计赏析

短裙款式设计赏析如图5-18所示。

图5-18　短裙款式设计赏析

任务5.4　半身裙款式设计

半身裙是指长度及膝或过膝的裙子，其设计通常注重裙摆的展开和层次感，可以修饰臀部和腿部线条，适合多种场合和风格的穿搭。半身裙的款式丰富多样，有蕾丝裙、雪纺裙、皮质裙等多种选择（图5-19）。

5.4.1 半身裙概述

半身裙一般由裙腰和裙体构成，腰部与臀部的款式造型是裙装设计的关键，省道的变化、裙长、育克都是影响裙装款式造型是否优美合体的重要因素。半身裙根据廓形可分为直筒裙、包臀裙、铅笔裙、A字裙、鱼尾裙、波浪裙等。半身裙款式变化多样，可以满足不同年龄层女性的着装需求，充分展现女性魅力（图5-20）。

图5-19 下装款式之半身裙

图5-20 各种款式的半身裙

5.4.2 半身裙款式绘制步骤

5.4.2.1 半身裙款式一绘制步骤

此款半身裙为鱼尾包臀裙，可以很好地隐藏不完美的身材，修饰臀型和腿型的线条，展现女性优雅大方的气质。具体绘制步骤如下（图5-21）。

步骤一：绘制裙子的左半边，确定好腰节长度和裙摆造型。
步骤二：绘制裙边褶皱，增加褶皱和明线。
步骤三：将上述两个步骤中的全部内容进行对称复制。
步骤四：绘制裙子的细节，调整线条粗细，让线条更灵动，更符合款式需要。

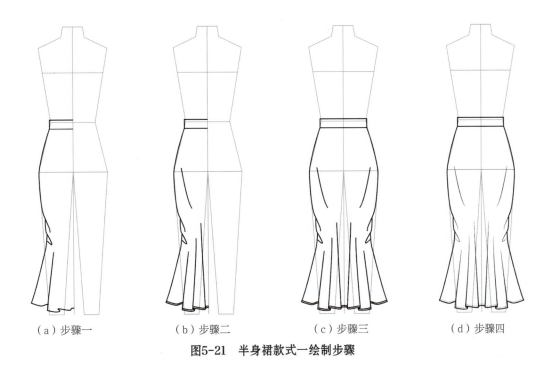

(a) 步骤一　　　　(b) 步骤二　　　　(c) 步骤三　　　　(d) 步骤四

图5-21　半身裙款式一绘制步骤

5.4.2.2　半身裙款式二绘制步骤

此款半身裙为开衩直筒裙，直筒裙加入开衩设计能够增加裙子的设计感，优雅知性的主基调中更多了一些轻松活泼的气息，同时会使穿着的舒适感大大增强。具体绘制步骤如下（图5-22）。

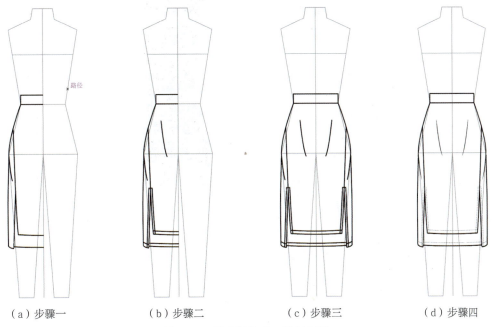

(a) 步骤一　　　　(b) 步骤二　　　　(c) 步骤三　　　　(d) 步骤四

图5-22　半身裙款式二绘制步骤

步骤一：绘制裙子的左半边，确定好腰节长度和开衩节点。
步骤二：绘制裙边设计线条。
步骤三：将上述两个步骤中的全部内容进行对称复制。
步骤四：调整裙子的细节，添加缝纫线细节。

5.4.3　半身裙款式设计实例及绘制

半身裙款式设计实例及绘制如图5-23所示。

图5-23　半身裙款式设计实例及绘制

5.4.4　半身裙款式设计赏析

半身裙款式设计赏析如图5-24所示。

项目 5　下装款式设计

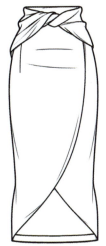
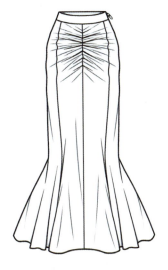
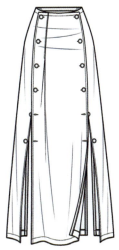

图5-24　半身裙款式设计赏析

更多下装
款式设计

思考题：

1. 进行下装款式设计时需注意哪些要点？
2. 分析探讨半身裙与裤装款式之间的联系与区别？
3. 如何进行下装款式的绘制？

项目练习：

1. 设计6款下装。
2. 运用褶裥元素设计4款半身裙装。
3. 运用拼接元素设计4款裤装。

项目 6
一体装款式设计

| 教学内容 | 分别从裹胸裙、连衣裙、礼服裙和连体裤四个方面进行专题设计和绘制,针对不同的人群、场合、时间等因素进行重点详细讲解;分步骤剖析绘制技巧;添加案例赏析。 |

| 知识目标 | 掌握四个专题的设计和绘图技法,熟悉服装的风格与分类。 |

| 能力目标 | 能有针对性地进行一体装专题设计;提高绘图与设计能力;开拓视野,提高设计审美。 |

| 思政目标 | 鼓励勇于尝试新材料、新技术和新风格,融入传统服饰的改良、再设计中,传统优秀传统文化和服饰内涵,同时款式设计中加入传统服饰、民族服饰的元素,加深服装的文化底蕴。 |

项目 6　一体装款式设计

一体装款式设计是指包括裹胸裙、连衣裙、礼服裙和连体裤等款式的设计，以女性服装居多。一体装具有穿脱方便的特点，款式比较美观，在日常生活中经常可以看到。整体上，一体装穿着舒适，搭配简单，不用担心搭配不当，同时宽松版型的一体装可以有效地遮盖身材的不完美。但一体装也会因款式过于简单，整体比较单调和单一，同时如果穿着者选择了不合适的尺码，会显得身材比较臃肿，不利于遮盖身体的缺点。

随着现代人追求健康、阳光的生活方式，也有越来越多的运动服饰偏一体装的设计，特别是在竞技体育（如公路车比赛、游泳比赛等）中，这样的一体装设计能更好地保护身体，减少肌肉和关节的压力，形成更好的气动效果，从而产生更快的速度。本项目主要介绍人们日常穿搭的一体装款式设计。

任务6.1　裹胸裙款式设计

裹胸裙是指裹着胸部位置的裙装，也称为抹胸裙，它其实是连衣裙的一种。裹胸裙是正式场合中出镜率最高的裙子，有的甚至运用到礼服上。因为裹胸的设计，让微露半肩呈现出锁骨和肩颈线的美，这种美是成熟女性特有的，提升高雅的气质和美，也受到女性的青睐。

6.1.1　裹胸裙概述

裹胸裙有提升腰线的视觉效果，让身材比例重新分割成3:7的黄金比例，是女性衣橱中常见的单品之一。它能完美地展现女性肩部、背部的线条，还能将女性性感优雅的味道完美展现。裹胸裙按照款式分为蛋糕裹胸裙、蕾丝裹胸裙、挂脖式裹胸裙、牛仔裹胸裙、运动裹胸裙等，其中休闲风格的裹胸裙适合搭配运动鞋展现青春活力的效果，稳重风格的裹胸裙适合搭配高跟鞋或精致的配饰，营造高挑的气质（图6-1）。

图6-1　裹胸裙

6.1.2 裹胸裙款式绘制步骤

6.1.2.1 裹胸裙款式一绘制步骤

裹胸裙的款式根据造型、设计亮点也分难易度，比较常见也比较简单的款式是包臀裹胸裙。具体绘制步骤如下（图6-2）。

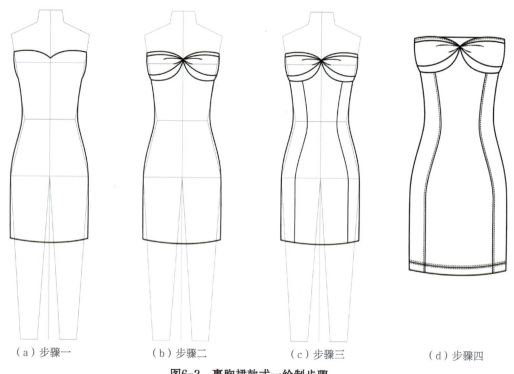

（a）步骤一　　　　（b）步骤二　　　　（c）步骤三　　　　（d）步骤四

图6-2　裹胸裙款式一绘制步骤

步骤一：在人体模型的基础上绘制出裹胸裙的外轮廓形状，收腰、下摆呈H形。
步骤二：绘制裹胸裙胸部的造型和褶皱。
步骤三：在公主线位置绘制分割线。
步骤四：添加缝纫线细节。

6.1.2.2 裹胸裙款式二绘制步骤

在绘制稍加复杂的裹胸裙时，也可按照上述方法，先绘制出外轮廓造型，再进行细节添加。也可采用下面的方式，从上到下进行绘制，如图6-3所示。

步骤一：绘制裹胸裙腰部以上的造型，若左右款式不对称，绘制时需要注意两边的和谐关系处理，蝴蝶结的造型大小要适中。
步骤二：绘制裙摆，因内部有裙撑的影响，所以造型可以适当夸张和加大。
步骤三：调整线条粗细，让线条更灵动，更符合款式需要。

项目 6　一体装款式设计

（a）步骤一

（b）步骤二

（c）步骤三

图6-3　裹胸裙款式二绘制步骤

6.1.3　裹胸裙款式设计实例及绘制

裹胸裙款式设计实例及绘制如图6-4所示。

图6-4

图6-4 裹胸裙款式设计实例及绘制

6.1.4 裹胸裙款式设计赏析

裹胸裙款式设计赏析如图6-5所示。

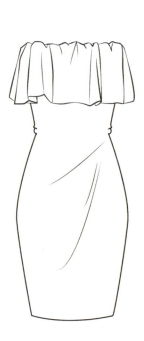

项目6　一体装款式设计

图6-5

105

图6-5 裹胸裙款式设计赏析

任务6.2 连衣裙款式设计

连衣裙也称连衣装,是指女性所穿着的连裙式外衣。连衣裙是13世纪或14世纪前西方男女服装的统称,也是西方古希腊、古埃及、古罗马、拜占庭等时期以及近代女装发展最为重要的类别之一。

6.2.1 连衣裙概述

连衣裙的基本特征是衣身和裙身拼接一体,可分为有设计腰部分割线和无设计腰部分割线。廓形、分割线、领子、袖子、裙子长度是连衣裙设计中最常更改、变化的部位,其中领子、袖子是设计重点;廓形上连衣裙多以A形、H形为主,腰线分割也有高腰、低腰和自然腰的设计;材料有棉、麻、毛、丝等以及各种合成面料。连衣裙适合四季穿着,同时需匹配对应季节的面料。

在设计连衣裙时,凡是在上衣和裙体上变化的各种元素几乎都可以组合构成连衣裙的样式,另外还需要根据造型以及穿着者的需要,形成各种不同的廓形和腰节位置(图6-6)。

图6-6 连衣裙

6.2.2 连衣裙款式绘制步骤

在进行连衣裙款式绘制时,首先需要进行仔细的观察。若款式的左右两边完全对称,只需要绘制款式的一半,另外一半采用对称的手法进行表现,这样可以避免左右不一;若款式左右两边不对称,则需要将两边的款式如实绘制出来。具体步骤如下。

6.2.2.1 连衣裙款式一绘制步骤

此款连衣裙的设计点在裙身的处理,上半部分为衬衫结构,绘制步骤如图6-7所示。

步骤一:在人体模型的基础上,绘制左半边连衣裙的基本造型,确定好袖子的长度以及翻领的形状。

步骤二:将步骤一中所绘制的部分进行对称处理。

步骤三:绘制裙子的下摆,由于裙子下摆不是对称结构,因此需要先绘制右边简易部分。

步骤四:绘制裙子的左半边,处理好裙子两条裙带的穿插关系。

步骤五:调整细节,将线条调整为粗细有别,增加褶皱和明线,增强服装的立体感。

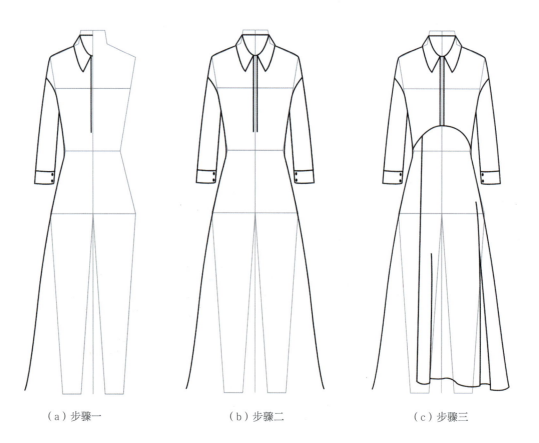

(a)步骤一　　　　　　　　(b)步骤二　　　　　　　　(c)步骤三

（d）步骤四　　　　　　　　　　　　　（e）步骤五

图6-7　连衣裙款式一绘制步骤

6.2.2.2　连衣裙款式二绘制步骤

此款连衣裙为无袖无腰缝拼接的设计，领子和裙摆是设计重点，领子形状夸张，裙摆的设计则集中在右侧的褶裥处理，具体步骤如图6-8所示。

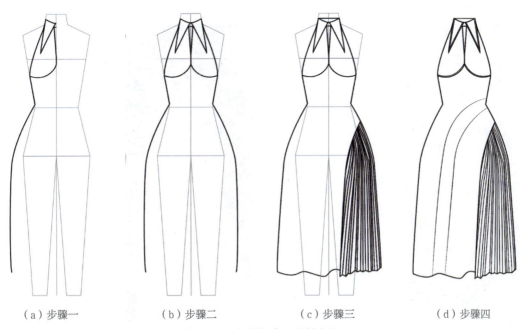

（a）步骤一　　　　（b）步骤二　　　　（c）步骤三　　　　（d）步骤四

图6-8　连衣裙款式二绘制步骤

步骤一：绘制连衣裙基本造型，把握好领子的形状和胸部分割线的弧度及位置。
步骤二：将步骤一中所绘制的部分进行对称处理。
步骤三：绘制裙子右边的褶裥，注意把控好褶裥的大小和距离。
步骤四：绘制裙子细节，调整线条粗细，让线条更灵动，更符合款式需要。

6.2.3 连衣裙款式设计实例及绘制

连衣裙款式设计实例及绘制如图6-9所示。

图6-9 连衣裙款式设计实例及绘制

6.2.4　连衣裙款式设计赏析

连衣裙款式设计赏析如图6-10所示。

图6-10

图6-10 连衣裙款式设计赏析

任务6.3 礼服裙款式设计

礼服裙是礼服设计中的一种款式，是在举行重要典礼或参加庄重场合时穿着的服装。礼服裙的分类有多种，如小礼服、大礼服、晚礼服、婚庆礼服等。礼服裙常以精致和贵气为主要展示风格，所以设计一般比较华丽，款式也比较修身。在选择礼服裙时还可以与自己国家的传统服饰文化相联系，比如古典风格的款式和近现代比较流行的旗袍款式，这些款式搭配上礼服裙都会显得十分高级，而且带着一种深厚的文化底蕴。

6.3.1 礼服裙概述

女士礼服裙根据穿着的时间和场合的不同，分为日礼服、晚礼服、婚礼服、鸡尾酒会服等种类，其中日礼服比较正规，多表现出优雅、端庄、含蓄的风格，面料也多为毛、棉、麻、丝绸感的材质。晚礼服则裸露、性感一些，也是比较能展现个性和创意的款式，经常会用闪光的布料以及各种装饰品，多为低胸、露肩、露背、收腰和修身的款式（图6-11）。

图6-11 礼服裙

6.3.2 礼服裙款式绘制步骤

6.3.2.1 礼服裙款式一绘制步骤

此款礼服裙整体较简洁优雅,在绘制时线条应干净清晰,具体步骤如图6-12所示。

(a) 步骤一　　　　(b) 步骤二　　　　(c) 步骤三　　　　(d) 步骤四

图6-12 礼服裙款式一绘制步骤

步骤一：绘制胸部不规则的造型，调整好弧线的弯曲度，保证顺畅和自然。
步骤二：绘制胯部的设计点，注意线条之间的穿插。
步骤三：绘制裙摆，裙摆可以夸张和飘逸。
步骤四：绘制裙子细节，调整线条粗细，让线条更灵动，更符合款式需要。

6.3.2.2 礼服裙款式二绘制步骤

此款礼服裙造型较为浮夸，裙摆和褶皱较多，在绘制时需要特别处理好线条之间的穿插关系。具体绘制步骤如图6-13所示。

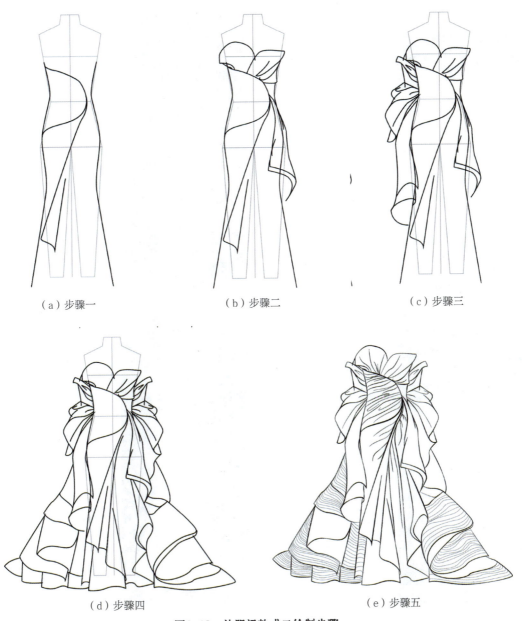

（a）步骤一　　　　（b）步骤二　　　　（c）步骤三

（d）步骤四　　　　（e）步骤五

图6-13　礼服裙款式二绘制步骤

步骤一：从胸部以下绘制裙子的大体结构。
步骤二：绘制胸部的花瓣造型。
步骤三：绘制左边裙子和袖子的关系。
步骤四：绘制出裙子的样子，以便下一步进行细节刻画。
步骤五：绘制裙子细节，调整线条粗细，让线条更灵动，更符合款式需要。

6.3.3 礼服裙款式设计实例及绘制

礼服裙款式设计实例及绘制如图6-14所示。

图6-14 礼服裙款式设计实例及绘制

6.3.4　礼服裙款式设计赏析

礼服裙款式设计赏析如图6-15所示。

图6-15

图6-15 礼服裙款式设计赏析

任务6.4 连体裤款式设计

连体裤，英文为jumper、jumpsuit，2010年夏季开始流行。连体裤是一种上衣和裤子在腰部连在一起的服装款式，连体裤有紧身、宽松和修身三种款式类型。连体裤包括低腰型（腰位置在腰围线以下）、高腰型（腰位置在腰围线以上）和标准型；因为衣和裙的连接恰好在人体腰部，所以服装行业中俗称它为"中腰节裙"。连体裤穿着美丽大方，深受人们喜爱。

6.4.1 连体裤概述

连体裤按长度可分为连体长裤和连体短裤两大类。连体长裤起源于飞行员的跳伞服装，这种衣服的特征是上衣和下装连体且一般为长袖、长裤，外观比较像工作服，后来设计师将其运用到服装中，并成为时尚的连体裤设计，上衣也有长袖、短袖和无袖等多种变化。

连体短裤源于维多利亚时期的一种少女服装样式，其宽松、短袖的剪裁方式加上有点绑紧的短裤腿，在保证一定透气性和舒适性的同时便于自由活动，因此也被运用到现代服饰中，还具有"减龄"的青春感（图6-16）。

图6-16 连体裤

6.4.2 连体裤款式绘制步骤

6.4.2.1 连体裤款式一绘制步骤

此款连体服为无袖、露腰设计,整体偏时尚潮流,适合年轻人。具体绘制步骤如图6-17所示。

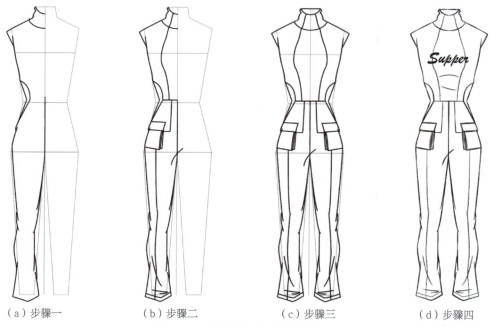

(a)步骤一　　(b)步骤二　　(c)步骤三　　(d)步骤四

图6-17 连体裤款式一绘制步骤

步骤一:由于服装左右两边基本对称,因此可以采用对称手法。先绘制连体裤的左半边,确定好腰节长度和裤子的造型。

步骤二:绘制口袋和服装中的分割线条。

步骤三:将上述两个步骤中的全部内容进行对称复制。

步骤四:绘制服装细节,调整线条粗细,让线条更灵动,更符合款式需要。

6.4.2.2 连体裤款式二绘制步骤

此款为长袖连体服,上身款式偏衬衫造型,腰部有腰带装饰,门襟为拉链开合设计,整体休闲舒适,如图6-18所示。

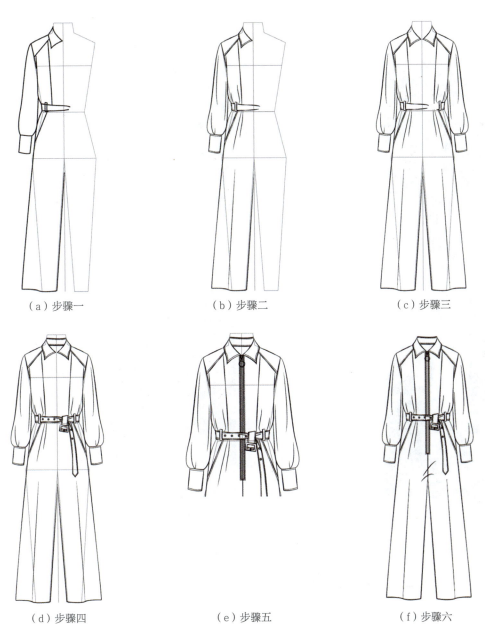

(a)步骤一　　　　　　(b)步骤二　　　　　　(c)步骤三

(d)步骤四　　　　　　(e)步骤五　　　　　　(f)步骤六

图6-18　连体裤款式二绘制步骤

步骤一：先绘制连体裤的左半边，注意把控袖子长度、腰带和裤腿宽度。
步骤二：调整线条粗细，让线条更灵动，绘制服装中的褶皱和明线装饰。
步骤三：将上述两个步骤中的全部内容进行对称复制。
步骤四：绘制腰带及腰带细节。
步骤五：绘制拉链，拉链的处理较为复杂，也可以采用比较简单的形式。
步骤六：绘制服装细节，更符合款式需要。

6.4.3 连体裤款式设计实例及绘制

连体裤款式设计实例及绘制如图6-19所示。

图6-19 连体裤款式设计实例及绘制

6.4.4 连体裤款式设计赏析

连体裤款式设计赏析如图6-20所示。

项目6　一体装款式设计

图6-20

图6-20 连体裤款式设计赏析

更多一体装款式设计

思考题：

1. 裹胸裙款式的设计重点是什么？
2. 分析探讨连衣裙与连体裤款式之间的联系与区别。
3. 如何进行礼服裙款式的绘制？

项目练习：

1. 设计4套裹胸裙服装。
2. 运用蕾丝元素设计2套连衣裙。
3. 运用褶裥元素设计3套礼服裙。

项目 7
服装款式设计在实践中的运用

教学内容 主要针对江浙沪地区酒店,依据案例讲解养生度假型酒店制服款式、商务会所型酒店款式以及餐饮类制服款式的设计,同时涉及不同酒店中不同岗位的服装款式需求。

知识目标 掌握酒店制服设计的设计和绘图技法,尽快进行实践运用。

能力目标 能有针对性地进行实践设计;提高绘图与设计能力;开拓视野,提高设计审美。

思政目标 强调服装设计的社会责任,引导学生关注环境、岗位等社会问题,倡导绿色设计理念,加强职业道德教育,使学生认识到作为设计师应遵守的职业道德规范和职业操守。

实践是检验知识的唯一标准，因此在学习服装款式设计时，需要将书本上学到的知识，灵活地转化到实践生产中。服装款式设计在实践中的具体运用广泛而深入，它贯穿了整个服装设计、生产、销售和推广的全过程。在实践中，款式图的表现形式有两种：一种是适合企业生产的，着重表现服装款式的黑白款式图和有加盖面料效果的款式图；另外一种是适合对接客户的效果图形式的服装款式图。本项目以第二种为主，方便客户查看服装款式的同时，能够直观地感受到服装的上身效果。

酒店制服款式设计旨在为客人提供舒适和专业的服务体验，同时展现酒店的品牌形象和企业文化，它集合了时尚、功能、品牌、形象为一体。制服的颜色、面料和款式都应反映出酒店的定位和风格。例如，高端豪华酒店可能选择更加正式和精致的制服，而度假酒店则可能更注重轻松和休闲的款式。另外，酒店制服的舒适性和功能性也是非常重要的，设计师需要考虑到员工的工作需求和舒适度，选择适合的面料和剪裁方式。同时，制服的设计也需要方便员工工作，例如口袋、扣子和拉链等细节设计应方便员工存放物品和操作。设计师需要通过深入了解酒店的需求和目标客户群体，设计出既符合品牌形象又具有实用性的制服。

任务7.1 养生度假型酒店制服款式设计

养生度假型酒店制服款式设计需要综合考虑舒适、休闲、自然与品牌形象，应突出休闲和轻松的氛围，避免过于正式或拘谨的剪裁和设计，选择更为宽松、舒适的款式。制服设计还应体现酒店的品牌标识和风格，在颜色、图案或配饰上巧妙地融入酒店的标志或主题元素，以增强品牌认知度和统一性。如果酒店所在地有独特的文化或传统，可以考虑在制服设计中融入这些元素。这不仅可以增加制服的独特性，而且能让客人感受到当地的文化魅力。养生度假型酒店制服款式设计如图7-1所示。

项目 7　服装款式设计在实践中的运用

图7-1

总经理

总监

项目 7　服装款式设计在实践中的运用

图7-1　养生度假型酒店制服款式设计

任务7.2 商务会所型酒店制服款式设计

商务会所型酒店制服款式设计应注重正式、专业、经典与时尚的结合,同时注重品质、细节和舒适性。通过巧妙的设计,展现酒店的专业形象,提升员工的自信心和工作效率,为客户提供高品质的商务体验。商务会所型酒店制服款式设计如图7-2所示。

项目7　服装款式设计在实践中的运用

文员

图7-2

服 | 装 | 款 | 式 | 设 计

中餐服务员

132

项目7　服装款式设计在实践中的运用

总监

上装：深灰色暗纹西装

内搭：女款为白色V领衬衫，男款为白色翻领对门襟衬衫

下装：女款为蓝色系半裙，男款为深灰色暗纹一般西装裤

配饰：男款简易领带

宴会服务员

采用旗袍的样式

从左到右分别用了文竹纹样、浪花纹样、青花瓷纹样

打破传统旗袍样式：高开叉和S形裁剪、A字大伞裙加小外套、拼接色块

图7-2

图7-2 商务会所型酒店制服款式设计

任务7.3 餐饮类制服款式设计

餐饮类制服款式设计需要综合考虑品牌形象、功能性、舒适性、美观性以及细节处理等多个方面。通过巧妙的设计，可以创造出既符合品牌形象又具有实用性的制服，提升员工的自信心和工作效率，同时为客户提供更好的用餐体验。餐饮类制服款式设计如图7-3所示。

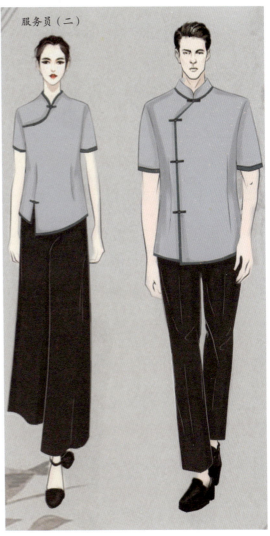

图7-3

服务员（三）

服务员（四）

水吧

店长（一）

项目 7　服装款式设计在实践中的运用

店长（二）

图7-3　餐饮类制服款式设计

思考题：

1. 酒店制服款式设计可以分几大类？
2. 餐饮类制服款式设计需要注意哪些方面？

项目练习：

1. 设计如下款式的酒店服装：前台、客房、餐饮、文员。
2. 设计4套新中式酒店职业装。

参考文献

[1] 李正，徐崔春，李玲，等.服装学概论[M]. 2版.北京：中国纺织出版社，2014.

[2] 侯家华.服装设计基础[M].北京：化学工业出版社，2017.

[3] 李飞跃，黄燕敏.服装款式设计1000例[M].北京：中国纺织出版社，2019.

[4] 杨威.服装设计教程[M].北京：中国纺织出版社，2007.

[5] 郭琦.手绘服装款式设计1000例[M].上海：东华大学出版社，2023.

[6] 唐伟，李想.服装设计款式图手绘专业教程[M].北京：人民邮电出版社，2021.

[7] 刘元风.服装设计[M].长春：吉林美术出版社，1996.

[8] 岳满，陈丁丁，李正.服装款式创意设计[M]. 北京：化学工业出版社，2021.

[9] 章瓯雁，关丽.服装款式大系：女上衣款式图设计1500例[M].上海：东华大学出版社，2018.

[10] 章瓯雁，高秦箭，梁苑，等.服装款式大系：女裙装款式图设计1500例[M].上海：东华大学出版社，2019.

[11] 张德兴.美学探索[M].上海：上海大学出版社，2002.

[12] 李正，李梦园，李婧，于竣舒.服装结构设计[M].上海：东华大学出版社，2015.

[13] 章瓯雁.服装款式大系：女裤装款式图设计1500例[M].上海：东华大学出版社，2017.

[14] 李超德.设计美学[M].合肥：安徽美术出版社，2004.

[15] 李正.服装结构设计教程[M].上海：上海科技出版社，2002.

[16] 刘元风.服装人体与时装画[M].北京：高等教育出版社，1989.

[17] 李当歧.服装学概论[M].北京：高等教育出版社，1990.

[18] 吴卫刚.服装美学[M].北京：中国纺织出版社，2000.

[19] 张星.服装流行与设计[M].北京：中国纺织出版社，2000.

[20] 弗龙格.穿着的艺术[M].南宁：广西人民出版社，1989.

[21] 陈明艳.女装结构设计与纸样[M].上海：东华大学出版社，2012.

[22] 王晓威.服装设计风格鉴赏[M].上海：东华大学出版社，2008.